JN249381

そこで液状化が起きる理由(わけ)

被害の実態と土地条件から探る

若松加寿江

東京大学出版会

Why Does Liquefaction Occur Where It Does?
Searching for the Reasons in Damage and Land Conditions

Kazue WAKAMATSU

University of Tokyo Press, 2018
ISBN 978-4-13-063713-8

まえがき

二〇一一年三月一一日に発生した東日本大震災から七年目を迎えようとしています。この震災では、東日本の太平洋沿岸を襲った津波により二万人に近い方々が犠牲となられ、多くの町が壊滅的被害を受けました。その一方で、東北地方と関東地方の全都県で液状化による被害が発生し、千葉県と茨城県を中心に約二万七千棟の住宅が被災しました。幸い液状化が直接的な原因で亡くなった方はいませんでしたが、多くの方々が住む家を失い、上下水道などのライフラインが使えなくなり、長期間不便な生活を余儀なくされました。

筆者は四〇年にわたって地震が起こる度に、液状化が起きた現場を調査して回ってきました。被災地では、住人から「こんな被害を受けるとは思ってもいなかった」という言葉がいつも聞かれました。液状化に対する社会的認知度がいかに上がっても、液状化対策技術がいかに進歩しても、国民一人ひとりが自ら住む土地の液状化リスクを認識できない限り、地震が起こる度に「青天の霹靂」の事態はこれからも繰り返されることでしょう。

液状化が起こるか否かを正確に予測することは、専門家でも難しいことです。筆者は明治期以前の歴史地震から二〇一六年四月に発生した熊本地震までの日本全土の液状化の履歴を調べ、「そこで液状化が起きた理由（わけ）」を追求し続けてきました。現地踏査を行った地震の数は、国内外二〇以上の地震にも及びます。東日本大震災では東北地方や関東地方の各地に五十数回足を運びました。被害を直接見るだけでなく、被害がどんな土地条件のところで起きたかを確認することが大切だと考えているからです。

一九八七年の千葉県東方沖を震源とする地震の後に、房総半島の一宮町を調査した時のことでした。町道を隔てて、右と左で被害の様相が全く異なりました。片方の宅地は全く無被害でした。しかし、もう片方は宅地が陥没し、地割れが入って家屋が大きくゆがんでいました。「こんなに近い場所で、どうして被害がこんなに違うの！」という私の独り言を聞いて、案内して下さった役場の方が、「あっち（無被害の家）は元屋敷（もとやしき）だから」と事も無げに答えました。その言葉を初めて耳にした私はその時、「元屋敷」の意味を初めて知りました。昔からの宅地という意味です。そういえば、これまでにも液状化の被害地域に「新屋敷」という字名がありましたが、あれは今風に言えば、「新興住宅地」という意味だったのか……。それ以来、被害地域の土地条件にとりわけ関心を寄せて調査をしてきました。それに液状化被害は最近開発された地域や住宅地に多く発生していますので、既存のボーリング資料を基に被害地の分析をすることはそもそも困難です。

東日本大震災の後、メディアを通じて液状化被害の実態が多数報じられました。液状化被害に関するウェブページが公開され、啓発書もいくつか出版されました。しかし、「明日は我が身」として液状化被害をとらえる人はまだまだわずかです。筆者はこれまで液状化に無関心だった方にも読んで頂きたくて本書を草しました。「そこで液状化が起きた理由（わけ）」が知りたくて四〇年間液状化の研究を続けてきた筆者の思いをそのまま書名にしました。堅苦しい専門的な記述はなるべく控え、「液状化被害の実態」や「液状化被害がどんな場所で起こるか」を知って頂くことに特に重点を置いています。

本書で取り上げた過去の液状化事例には、実在の地名と被害写真が多く出てきます。「危ない町」として不安をあおることを意図したわけではありません。現実を直視して地盤のリスクを理解した上で、災害に強いまちづくり・家づくりを目指して頂きたいとの思いからです。

本書を幅広い方々にお読み頂くことにより、今後の宅地防災の一助になることを心から願っています。

目次

第5章 地名と液状化 ……183

第1章——日本の「四大液状化地震」を振り返る

筆者は、過去の地震史料や学術文献、地震体験者へのヒアリング、自身が行った現地踏査を通じて、一五〇余りの地震の液状化被害に接してきました。この中で液状化の被害がとくに大きかった地震の代表を選ぶなら、一九六四年新潟地震、一九九五年阪神・淡路大震災（兵庫県南部地震）、二〇一一年東日本大震災（東北地方太平洋沖地震）、二〇一六年熊本地震を挙げます。[1]まず、この四つの震災の特徴と液状化被害について紹介しましょう。さらに、海外での液状化被害についても触れたいと思います。

1.1 液状化現象の「元祖」——一九六四年新潟地震

液状化現象の究明は新潟地震から始まった

新潟地震は一九六四年六月一六日一三時一分頃に発生しました。地震のマグニチュードは七・五、震源は、新潟市の北北東約五五km、新潟県粟島南方沖の深さ約三四kmです。地震による建物被害は、新潟県と山形県を中心に、全壊一九六〇棟、半壊六六四〇棟、床上浸水九四七四棟、床下浸水五八二三棟でした。

一九六四年と言えば、一〇月に東京オリンピックが開催され、これに合わせて首都高速道路が建設され東海道新幹線が開業した年です。太平洋戦争の敗戦から二〇年近くの時を経て、日本が見事に復興を成し遂げた時期でもありました。この地震では大きな橋や空港など近代的なインフラが多数被災したことや、石油タンク火災が発生したことなど、これまでの地震とは様相の異なる被害が発生し、新しい都市型災害として注目されました。

新潟市における震度は震度五の強震[2]で、一九九五年の阪神・淡路大震災や二〇一一年の東日本大震災、二〇一六年の熊本地震のように震度七の強烈な揺れによってもたらされた災害ではありませんでした。しかし、図1-1に示すように、新潟県と山形県を中心とする広い範囲に液状化が起き、地盤の液状化現象により構造物が甚大な被害を受けることを世界に知らしめた地震でした。

[1]　阪神・淡路大震災や東日本大震災は災害名で、気象庁が命名した地震名は、それぞれ平成七年（一九九五年）兵庫県南部地震と平成二三年（二〇一一年）東北地方太平洋沖地震です（気象庁では、最近の地震の地震名は、このように和暦と西暦を併記しています）。本書では、原則として知名度が高い震災名の方を使うことにします。

[2]　昭和二四年（一九四九年）から平成八年（一九九六年）九月までの間に採用されていた八階級の旧震度階級での震度。現在の震度階では震度五弱ないし五強に相当します。

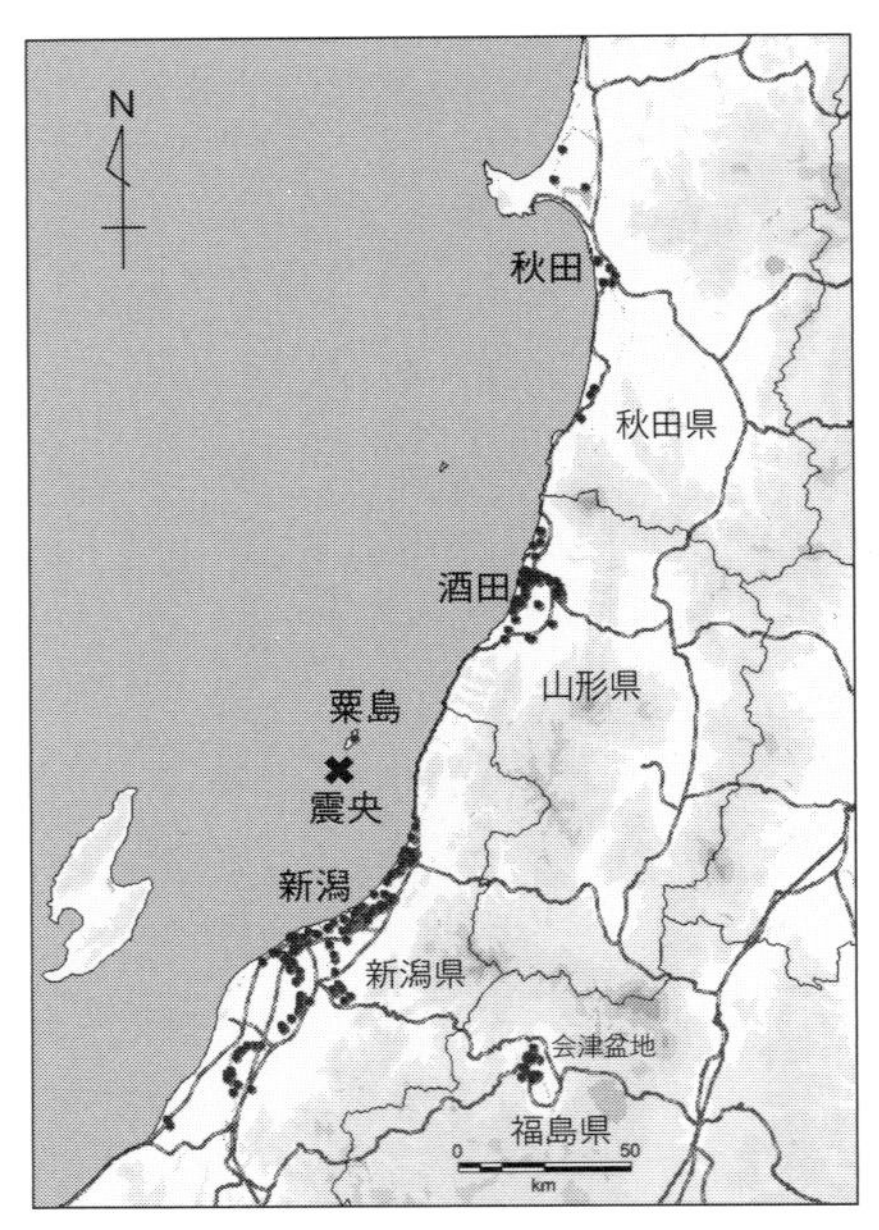

図 1-1　1964 年新潟地震による液状化発生地点

この地震を契機に、わが国内外で液状化の研究が精力的に行われるようになりました。実は、この地震以前にも、一九四四年の東南海地震や一九四八年の福井地震の際に、砂の噴出現象が構造物被害の原因として一部の専門家には認識されはじめていたとのことです。しかし、被害地域がごく限られていたため、あまり注目されることなく過ごしてきました。そして、原因解明もされず、設計指針や施工規準などに反映されないうちに新潟地震に遭遇してしまったのです（豊島、一九八四）。鉄筋コンクリートのビルが建ち並ぶ新潟市で、砂地盤の液状化がありとあらゆる構造物に大被害を与えるとは、専門家でさえ想像していませんでした。

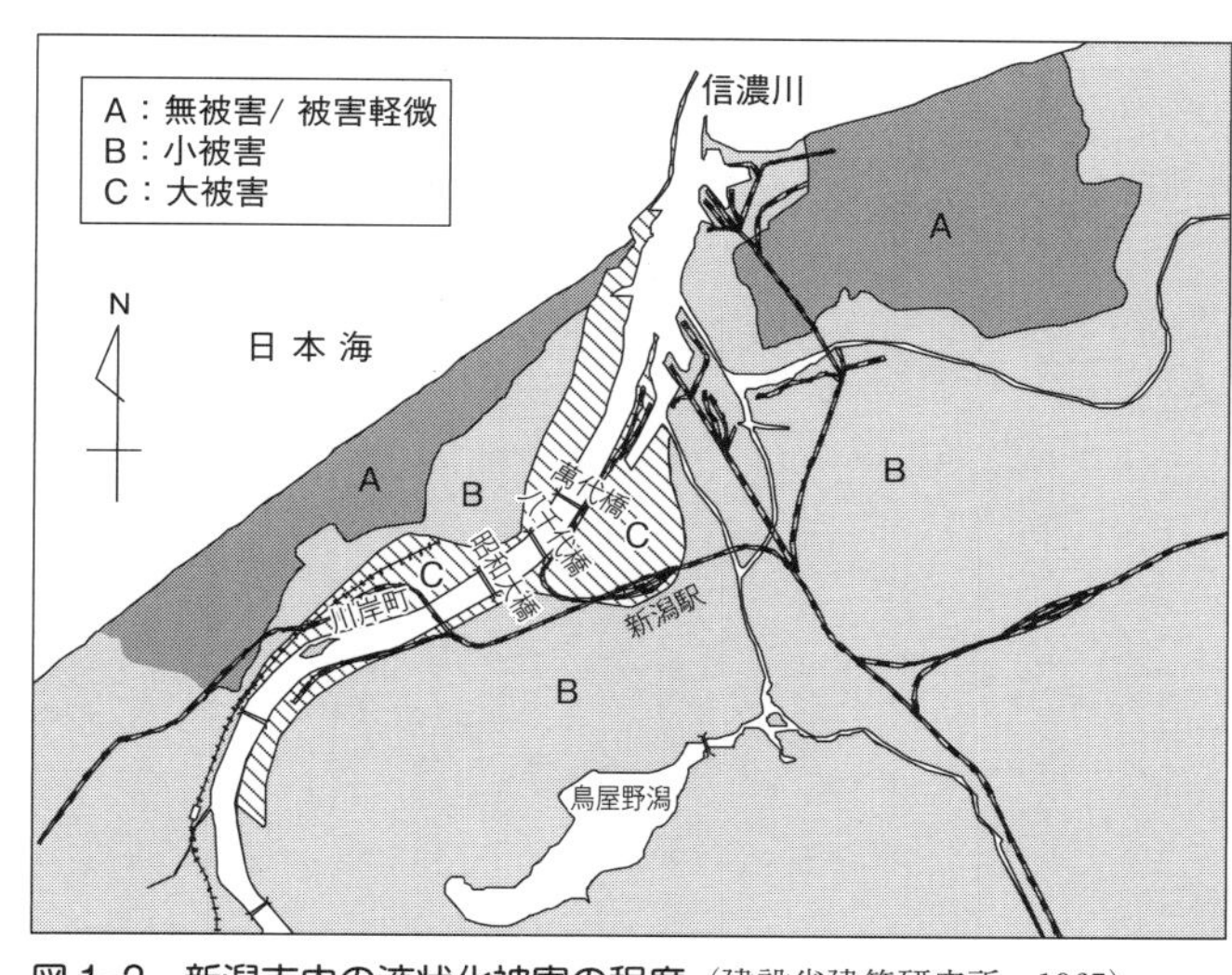

図1-2　新潟市内の液状化被害の程度（建設省建築研究所，1965）

泥海と化した「砂」の町

新潟市の中心部はどこを掘っても砂地盤です。これは、新潟市の市街地が新潟砂丘の上に立地していること、市中を流れる信濃川が上流から大量の砂を運んでくるためです。この日本有数の砂地盤の町に災禍をもたらしたのが液状化現象でした。図1-2は、新潟市における建物や土木構造物の被害の程度を示した地図です。この地図でC地域では液状化による被害がとくに甚大でした。

新潟市内では、それまで想像もしなかったような光景が次つぎに出現しました。地面からは砂を含んだ水が一斉に噴き上がり、その跡にはクレーターのような大小の穴があき、自動車などを飲み込みました（写真1-1）。

写真1-2は信濃川に架かる萬代橋南方の万代一丁目に建っていた新潟交通のバス車庫の被害状

写真 1-1　噴砂に潜り込んだ自動車（新潟市万代 1 丁目）（Kawasumi *et al*., 1968）

写真 1-2　屋根を支える柱が沈下したために天井高が低くなり，梁がバスの屋根にのしかかった車庫（新潟市万代 1 丁目）（Kawasumi *et al*., 1968）

写真1-3　ホテル新潟の浄化槽の浮き上がり（新潟市万代5丁目）（新潟日報社，1964）

況です。一見、天井が倒壊して落下したように見えますが、そうではありません。基礎地盤が液状化したことにより天井を支える柱が一・五ｍも沈下したため、天井が低くなりバスを直撃したのです。

液状化による被害は沈下ばかりではありませんでした。写真1―3は新潟駅の北方、万代五丁目にあったホテルの駐車場の様子です。この下には大型の浄化槽が埋め込まれていました。地震前には段差が全くありませんでしたが、基礎地盤が液状化して泥水状態になったため、浄化槽が埋設されていた部分だけ駐車中の車を載せたまま一・三ｍも浮き上がってしまいました。

ほかにも新潟市内では、八千代橋南方の新潟鉄道病院本館（八千代一丁目）の浄化槽が二ｍ浮き上がったのをはじめとして、

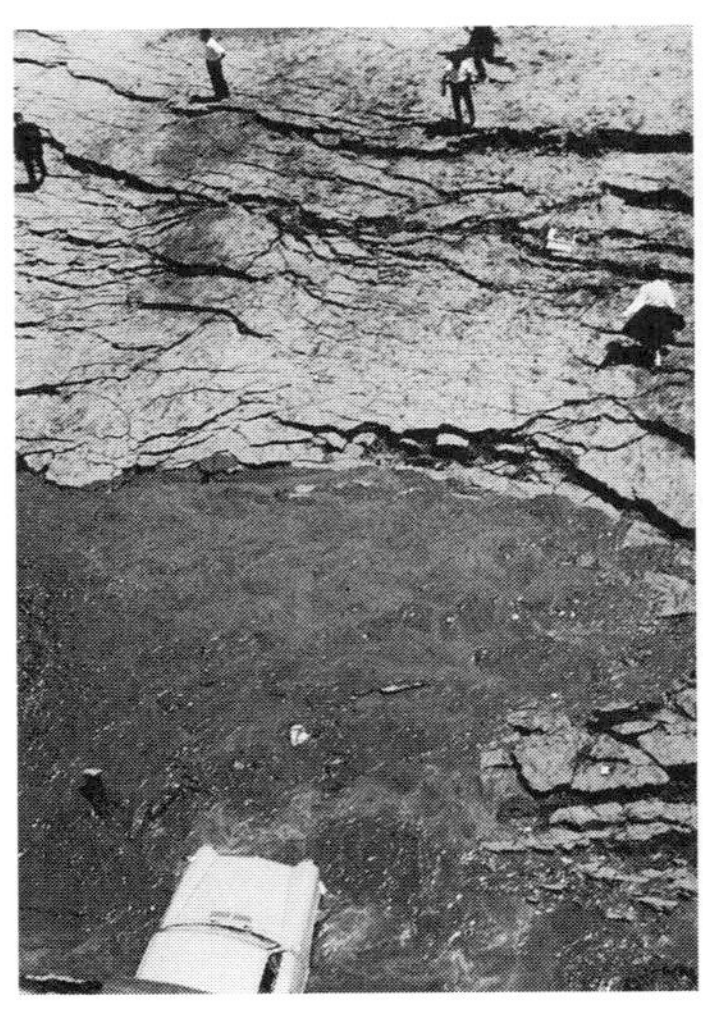

(a) 校舎から飛び出して逃げる生徒．その後ろから追いかけるように湧き出す地下水（揺れを感じてから 3 分 15 秒後）

(b) 地割れから新たに急に地下水が湧き出し，驚いて後ずさりする生徒たち（揺れを感じてから 4 分 7 秒後）

(c) 校庭のあちこちから湧き出る地下水（揺れを感じてから 4 分 45 秒後）

(d) パンの販売車も地下水に飲み込まれる（揺れを感じてから 6 分 11 秒後）

写真 1-4　新潟地震直後の新潟明訓高校の状況（経過時間については本文注［3］を参照）（竹内寛氏撮影）

マンホールなどの浮き上がりがあちこちで見られました。

校庭に巨大な池出現

信濃川に近い新潟明訓高校（当時は中央区川岸町二丁目にあった）の校庭では、揺れを感じてから三分余り経ったところで校庭に地割れが走り、地下水が勢いよく湧き出し、見る見るうちに校庭に地下水が溜まっていきました（写真1-4(a)）[3]。その後、地下水の湧出は校庭のあちこちで起こり、避難しようとする生徒たちの行く手を阻みました（写真1-4(b)）。そのうち、地下水は、直径二・五m位の範囲から高さ七〇～八〇cmまで勢いよく噴き出し（写真1-4(c)）、校庭に止めてあった軽トラックのタイヤが沈み込むまでになりました（写真1-4(d)）。校庭の五〇m先には信濃川が流れていましたが、地下水が川の方に排水されるいとまもなく、地震から五分足らずで、校庭はあたかも巨大な池が出現したような状況になりました。

横倒しになった鉄筋コンクリートのビル

新潟市には地震当時一五三〇棟の鉄筋コンクリート造の建物がありましたが、三四〇棟が新潟地震

［3］ 写真1-4の説明に記した揺れを感じてからの経過時間は、地盤工学会震災記録普及小委員会の研究グループが、二〇〇四年に新潟明訓高校において撮影者に地震当時の行動を再現してもらい、推定した写真撮影時刻です。

写真 1-5　転倒・傾斜した川岸町アパート（National Information Service for Earthquake Engineering）

写真 1-6　転倒した川岸町アパート 4 号棟と大きく傾斜した 3 号棟（早稲田大学撮影）

で被害を受けました。そのうち二四八棟は建物が一度以上傾斜しており、液状化による顕著な被害を受けていました。（建設省建築研究所、一九六五）。

最も著しい被害例が川岸町の県営アパート（全八棟）です。このアパートは地上三〜四階、半地下一階（五〜八号棟は半地下室なし）の壁式鉄筋コンクリート構造[4]で、杭はなく布基礎[5]で支持されていました。このうち、敷地中央に建つ四号棟は、建物は無傷のまま完全に横倒しになってしまいました（写真1-5中央、写真1-6手前）。その北側の三号棟（写真1-5左奥と写真1-6奥）も一五〇cm以上地中にめりこみ、転倒寸前の状態まで大きく傾斜しました。一号棟（写真1-5最奥）は大傾斜を免れましたが、二m近く沈下してしまいました。

川幅が狭くなった信濃川

新潟市内では、液状化した地盤が横すべりする側方流動という現象が起こりました。写真1-7は、新潟市の市街地を流れる信濃川の地震前後の空中写真[6]です。地震の前と後の二枚の空中写真による測量が行われた結果、信濃川の川幅は、萬代橋付近で二三m、八千代橋付近で一八m、昭和大橋付近で

［4］柱や梁を設けず、壁で荷重を支えるタイプの鉄筋コンクリート造。

［5］連続基礎とも言い、建物の外周と主要な間仕切り壁の下などに連続して配置する鉄筋コンクリートの基礎。

［6］飛行機から撮影した写真で航空写真とも言います。国土地理院では空中写真と呼び方を統一しているため、本書でも空中写真と記します。

一・二m狭くなっていたことがわかりました。つまり、側方流動によって川岸の地盤が川に向かって流れ出したために、川岸が広がったのです（浜田ほか、一九八六）。

写真1-8は二〇〇九年に撮影された萬代橋付近の空中写真です。橋のたもとの川岸がアーチ型に川の方にせり出しているのがわかります。この部分が新潟地震の際に広がった土地です。萬代橋のたもとでくびれているのは、橋が突っ張って側方流動を抑止したおかげで、橋の根元の部分はほとんど移動しなかったためです。土地が広がったことに地震当時から気づいた住民もいたようで、「自宅敷地が一間半（二・七m）伸びていました。地盤が街ぐるみ家ぐるみ信濃川にはり出したようです」などの地震体験談もあります（新潟郷土史研究会、一九六四）。

写真1-9は、新潟地震からちょうど二〇年後の一九八四年に見つかった鉄筋コンクリート造三階建て建物の杭の破損状況です。この建物は信濃川と新潟駅のほぼ中間点に位置しており、新潟地震の液状化による被害が最も甚だしかった地域内にありました。新潟地震で約五〇cmの不同沈下を生じましたが、床だけ水平に張り直して一九八四年の解体まで使用していました。建て替えのため基礎地盤を掘削したところ、直径三五cm、長さ一一mの基礎杭（既製鉄筋コンクリート杭）がことごとく折れていたことがわかりました。写真1-10に示すように、どの杭も上下二カ所、ほぼ同じ深さでコンクリートが圧壊し、鉄筋が著しく折れ曲がるというひどい破損の状況でした（河村ほか、一九八五）。また、杭先端は、南東方向に一・〇〜一・二m変形していました。杭の変形が、空中写真測量によって明らかになった地盤の側方流動の方向や大きさと一致していたことから、側方流動による地盤の動き

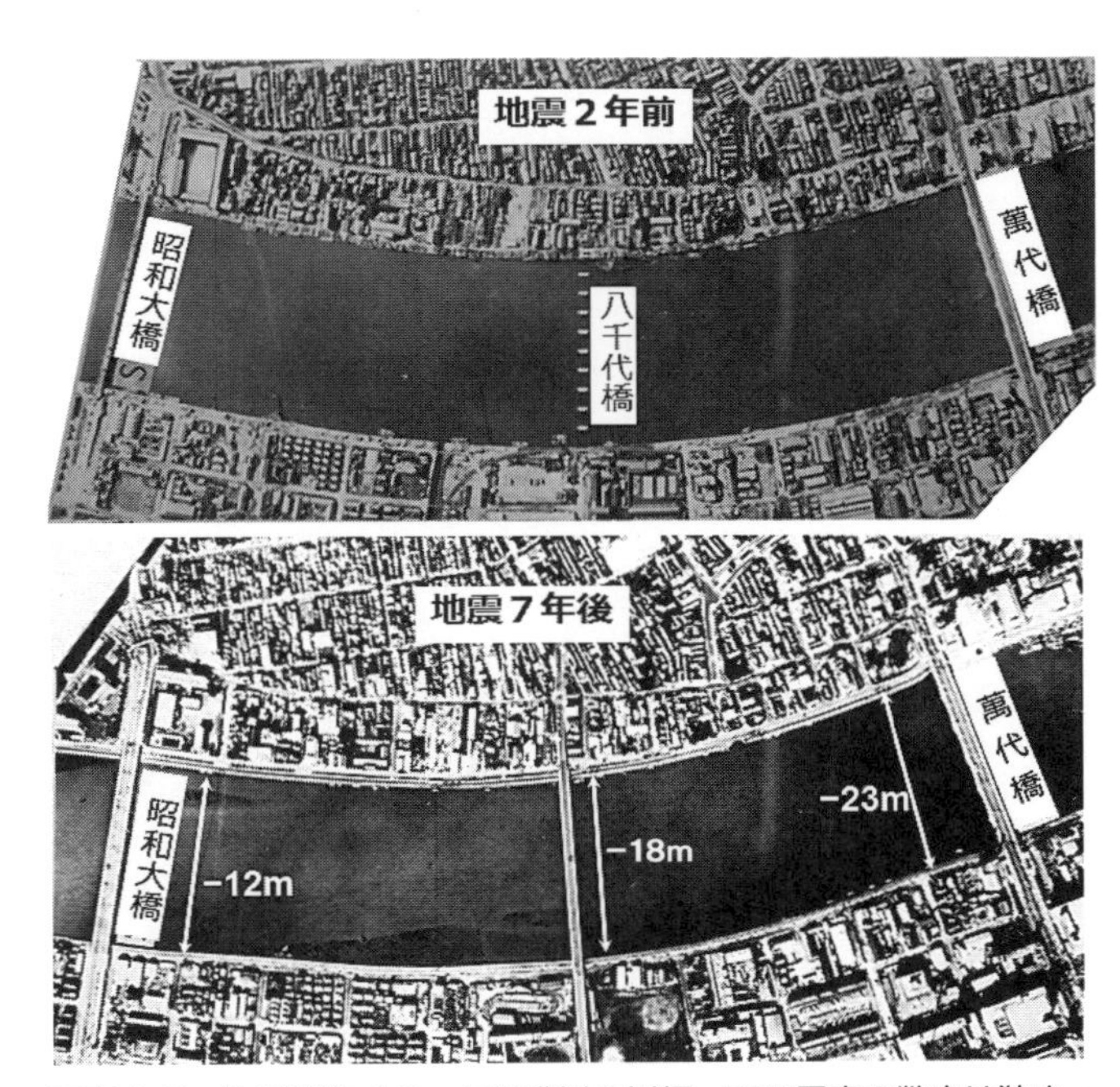

写真1-7　地震後狭くなった信濃川の川幅．下の写真の数字は狭まった長さを示す（Hamada *et al*., 1986）

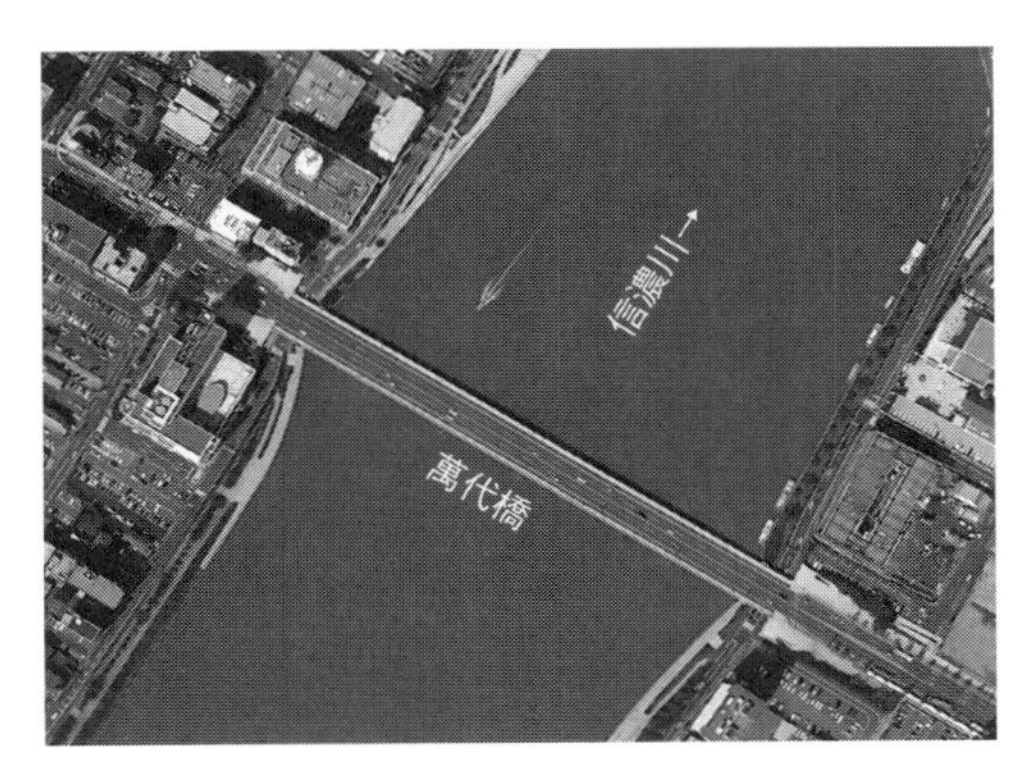

写真1-8　新潟市萬代橋付近の状況（国土地理院の空中写真 2009年4月30日撮影，CCB20091-C17-16に加筆）

写真1-9　地震20年後に掘り出した杭．どの杭も上下2カ所，ほぼ同じ深さで破損していた(新潟市弁天1丁目)（河村ほか，1985）

写真1-10　写真1-9の杭の被害状況（河村ほか，1985）

に杭が引きずられて変形し折れたことが明らかになりました（浜田ほか、一九八六）。

液状化現象を撮り続けた男たち

液状化により町中が泥海と化し、四階建てのビルが上部は無傷のまま横倒しになるという前代未聞の光景に、日本中、いや世界中のメディアの関心が集まりました。多くの報道関係者や研究者・技術者が新潟に駆けつけ被害写真を撮影しました。その中で、たまたま偶然、液状化被害に遭遇しわが身の危険も忘れて、地震の発生直後からシャッターを押し続けた男たちがいました。一人はプロの写真家の弓納持（ゆみなもち）福夫さん、もう一人は高校三年生の竹内寛（ゆたか）さんです。以下にこの二人の臨場感あふれるエピソードを紹介します。

新進のプロの写真家で新潟市在住の弓納持福夫さんは、新潟地震が起きたとき新潟空港にいました。就航したばかりの新潟―佐渡島間のフェリーの写真を海上で飛行機から撮影する仕事のため、セスナ機が燃料満タンで駐機場に待機していました。プロ仕様のカメラ、フィルム、八ミリカメラを携え、撮影アシスタントを従えて離陸に向けてスタンバイしていました。

午後一時一分に地震の揺れが始まったとき、弓納持さんは地面に這いつくばりましたが、ちょうど浮き島の上で揺すられているような感じでした。すぐに静止画像を撮ろうとしましたが、地震が起きていることを表現できる良い対象物が見つかりませんでした。そのとき、ターミナルビルから飛び出してきた人が一〇〇mほど走って後ろを振り返り「ビルが沈む！」と叫びました。電柱はまだ揺れていましたが、足元の揺れは収まっていました。これは揺れが収まって一分半後くらいのことでした。そのとき八ミリカメラを持っていることを思い出し、カメラをビルの方向に向けたところ、ターミナルビルはすでに沈みはじめていました。八ミリで撮影をしはじめて五秒過ぎたところで、ターミナルビルの周囲の地面から突如真っ黒な砂と水が勢いよく湧き出しました。

やがて駐機場も湧き出した地下水に覆われはじめたため、セスナ機のパイロットは離陸脱出を決意しました。パイロットは元軍人で、弓納持さんによれば「修羅場に強い」人でした。弓納持さんはパイロットに乗機を促されセスナ機に乗り込みました。滑走路には自衛隊の双発機がいて、管制塔に離陸許可をしきりに求めていました。しかし管制官はすでに避難しており、管制塔には誰も残っていません。セスナ機のパイロットは「自分の判断で離陸しろ」と自衛隊機に命令し、自衛隊機が水浸しの滑走路から無事離陸したのを見届けてから、自らも飛び立ちました。実は、パイロットは液状化して泥海と化した滑走路の安全性を自衛隊機に確かめさせたのでした。

大空への脱出を果たした弓納持さんが眼下に目にしたのは、製油所の火災から立ち上った黒煙に覆われた凄惨な光景でした（写真1‐11〜1‐13）。自宅に残っている妻子のことがにわかに心配になり涙していましたが、それを見たパイロットは「弓納持君、メソメソしている場合じゃない、こんなチャンスは二度と来ないから写真を撮りまくれ」と命じました。その言葉で我を取り戻した弓納持さんは、地震直後の新潟市の姿を克明に写真に記録し続けました。こうして撮影した写真の一枚が翌日の

写真 1-11　昭和石油の火災と落橋した昭和大橋（弓納持福夫氏撮影，1964 年新潟地震液状化災害ビデオ・写真集編集委員会編，2004）

写真 1-12　噴砂の中に沈み込んだ県立競技場と落橋した昭和大橋（弓納持福夫氏撮影，1964 年新潟地震液状化災害ビデオ・写真集編集委員会編，2004）

写真 1-13　新潟駅東跨線橋の落下．線路が飴のように蛇行している．線路の両側に白く写っているのは液状化で噴き出した砂（弓納持福夫氏撮影，1964 年新潟地震液状化災害ビデオ・写真集編集委員会編，2004）

ニューヨークタイムズの一面を飾ったのです。

写真1-4(a)~(d)の撮影者の竹内寛さんは、地震当時信濃川に面した新潟明訓高校にいました。五日前に新潟市で開催された国民体育大会が閉会したばかりで、市内には熱狂の余韻がまだ残っていました。国体を撮影するために買った宝物のカメラを肌身離さず持ち歩いており、その日も学校に持ってきていました。以下に、新潟地震の五〇周年を記念して竹内さんから寄せられた体験談「新潟地震を振

り返って」（日本地震工学会誌二三号、二〇一四年一〇月に掲載）の一部を引用・転載します。

五〇年前のその日は快晴でした。私は一七歳。新潟明訓高校（当時は中央区川岸町にあった）三年の初夏、私は校舎四階のベランダにいて教室に戻ろうとしていた、午後一時二分頃に新潟地震が発生しました。

私には地震の経験がなく、何が起きたのかわからず、ただ、踏ん張りながら茫然としていました。周りの生徒達が「ワー」「逃げろー」と叫びながら、一斉に階段へ避難を始めました。私もその流れで、階段まで行きましたが、教室の棚に置いた六月七日に買ったカメラを思い出し、取りに引き返しました。

教室の窓の下にある棚からカメラバックを取って、北隣の白新中学新校舎を見ると、地獄の釜が煮えたぎっているように、いたる所から地下水が噴出していました。声を呑み、後ろを振り向くと教室の中には誰もいませんでした。一瞬、音が消え、時が止まったような静寂の中、逃げ遅れて一人取り残されてしまった事に気付き、何ともいえない恐怖を覚えました。すぐに教室を飛び出し、ベランダに出て、下の校庭を見ると、地割れが横に幾重にも発生していて、地面が壊れると思い、恐怖心が増しました。

校庭には生徒達が避難していました。その中に地割れを横断して、地下水に追われながら避難する女生徒が目に入り、急いで写真を撮りました。

写真を撮り始めてから恐怖心が消え、周囲の写真を撮り続けました。突然、校庭の中央付近で地下水が噴出しはじめたのを見て、驚きと同時に、反射的に撮りました（写真1-4(b)）。

避難していた校庭が地下水の噴出で浸水し、更に、学校の周りの道路等も冠水して、「地下水の水攻め」に遭い、避難場所がなくなり、冠水していない避難場所を求めて、右往左往していました。いつ終わるかわからない液状化の発生はこれまでの火災を念頭に置いていた防災訓練が全く役に立たないほどでした。

私は、校内と越後線等の学校周辺を一時間程撮り続けました。正門前の道路で冠水していない場所に、生徒や先生が集まっていたので合流しました。

近くにいた年配の先生から一九二三年の関東大震災の話を聞きました。その後、別の先生が自転車の荷台の上に乗って生徒達に状況などの説明を始めました。

説明の最中に信濃川の川岸方向から「津波が来るぞー、早く逃げろー」と叫び声が聞こえ、一斉に白山駅方向に避難しました。私は、皆とは逆に、川岸へ向かい、着いてすぐに津波を見ました。波が一m位の段差で、渦を巻き、先頭に丸太を乗せたまま、あっという間に遡って行きました。呆気にとられ、ただ、黙って見ていました。今、思えば、津波の怖さを知らない無謀な行動でした。

白山駅周辺に避難していましたが、全員がばらばらな行動をしていた為、集合する事ができず、皆の安否確認ができないまま自然解散になってしまいました。

私は、途中でフィルムを買い、沼垂の自宅へ写真を撮りながら約四kmを歩いて帰りました。

上大川前・礎町・万代橋・万代町通りと、途中では冠水や泥水でぬかるんでいましたが、噴出した地下水なのか津波の水なのかはわかりませんでした（写真1-14）。

新潟駅の北東にある沼垂の自宅は一階が店でしたが、裏手の地盤が下がってしまい、家全体が後に傾

写真 1-14　膝上まで冠水した道路（新潟市万代6丁目）（竹内寛氏撮影）

いていました。気張って座らないと前のめりになる位でした。父から、旅行中の兄達が戻れそうにないので、寺尾店（当時は西区寺尾にあった）の様子を見に行くように言われ、（中略）約一二km先の寺尾店へ向かいました。

地震発生が午後一時一分頃、竹内さんが自宅に戻ったのが四時頃、寺尾に向かって再び歩き、寺尾店にたどり着いたのは夜七時半近くだったとのことです。この間、七三枚の被害写真を撮影しました。翌日、自宅に戻る間に三二枚、さらに地震数日間に撮った写真は合計一五三枚です。

写真1-15　側方流動により護岸（手前）が沈下して割れ目が入り，津波が浸入した．液状化で沈下した建物も浸水し，車２台が土中深く斜めに沈み込んでいる（萬代橋東側）（竹内寛氏撮影）

竹内さんが新潟明訓高校―自宅―寺尾と歩いたルートは、奇しくも新潟地震の液状化被害が最も激しかった地域で、竹内さんは高校生とは思えないような科学的な視点で写真を撮影され、学術的にも貴重な記録となりました[7]。

複合災害の先駆け――液状化と水害

新潟地震では、昭和石油新潟製油所で、地震の揺れが原因で五基のタンクから原油があふれ出し、そのうち一基から地震直後に出火、五基のタンクを含む防油堤内全域が猛火に包まれました。このように、一つの災害が起き、続いて同じ場所に別な災害が起きることによって、被害がさらに拡大することを複合災害と呼んでいます。

新潟地震では、液状化が原因となった複合災害が発生しました。護岸が液状化して壊れたために、信濃川を遡上してきた津波が浸入し、床上浸水九四四六棟、床下浸水五四四四棟の水害を引き起こしたのです。海抜ゼロメートル地帯では一週間以上水が引きませんでした。

写真1-15は手前の護岸が壊れ、津波が浸入してきた様子です。建物は液状化で沈下しゆがんでしまっています。乗用車も斜めに土中に沈み込んだところに、浸水した様子が見て取れます。地盤が液状化して泥海と化すと、津波からの避難も阻まれることがわかります。

首都直下地震が起きた場合、東京下町のゼロメートル地帯では、地震の強い揺れや液状化で堤防が沈下したり壊れたりした場合、広範な地域が水没してしまう恐れがあることが指摘されています。こうした地震水害は決して最近の話題ではなく、今から五〇年以上も前に起きていたのです。

液状化で人が死ぬこともある——犠牲になった一三歳の少女

液状化が原因で死亡・負傷することはないと一般には考えられています。写真1-6の転倒したアパートには地震当時住人が一人残っていました。アパートは地震直後に倒れたのではなく、大きな揺れが収まってから、その住人が三階から屋上に避難した後に、五分くらいかけてゆっくり倒れていったそうです。その住人は屋上の手すりにしがみついていたおかげで怪我さえしませんでした。このた

［7］　竹内さんの写真の一部は本書でも紹介していますが、全一五三枚の写真は、竹内さんの体験談をもとに筆者が解説を加え、「一九六四年新潟地震直後に撮影された写真に基づく液状化被害の状況」と題して日本地震工学会のホームページで公開しています（http://www.jaee.gr.jp/jp/2014/06/09/4771/）。

め「液状化は怖くない」災害とみなす説もあります。しかし、実際には液状化が原因で何人かの方々が亡くなっています。とても痛ましい話ですが、今後、同じような悲劇が繰り返されないために以下に紹介します。

新潟地震の震源地から八〇km以上離れた山形県酒田市立第三中学校は、最上川河口部の埋立地にありました。校庭では地下水が二mの高さに噴き上げ、幅一m、深さ二mの地割れができました。最上川堤防上へ避難するために校庭を横切った女子生徒が地割れに落ちて亡くなりました。目撃者によると、「……生きた心地もなく、ひょいと先を見ると女の子が地割れに落ちて肩のあたりまで地中に入り、手をあげて何か叫んだように思います。一瞬の出来事ですぐ地割れは閉まり女の子の姿は地中にかくれて見えなくなりました。割れ目から水を吹きだしたのはその後です」（死亡した女子生徒の最期を見た人の話：酒田三中新聞より）と記録されています（酒田市総務課、一九六六）。

新潟市小針二六〇五番地では、「広田千代さん（仮名、二五歳）が地下水を噴出した地割れに陥って死亡しました。地震後、砂の間から片腕だけが空中に出ていたので、掘り出してみると、地割れに落ちた広田さんが這い上がろうとして片腕を上げたまま砂に埋まって死んだことがわかりました」との記録があります（新潟市、一九六六）。

このような記録は、一九二三年の関東大震災でもありました。神奈川県茅ヶ崎市中島では、少女が地下水を噴き上げた地割れに落ち込んで亡くなったのを目撃したという話を、筆者は関東大震災の体験者から聞きました。

液状化した地盤は底なし沼と同じような状態です。避難をするために慌てていても、決して横切ったりしないよう避けて通りましょう。

1.2　神戸港を直撃した液状化――一九九五年阪神・淡路大震災（兵庫県南部地震）

震度七の帯がもたらした被害

一九九五年一月一七日の早朝五時四六分に発生したこの地震は、内陸の活断層が引き起こした地震です。マグニチュードは七・三、兵庫県の淡路島から宝塚市にかけての四市二町に「震災の帯」と呼ばれた延長約六〇㎞の震度七の激震地帯が見られました。この帯では三〇％以上の家屋が倒壊し、阪神高速道路神戸線の高架橋が約六三五ｍにわたって横倒しになったのをはじめとして、世界一の耐震設計と目されていた土木構造物に大被害を与えました。

神戸方式の埋立地が壊滅的被害

この地震による液状化は、図1-3に示すように四国東部から琵琶湖の南岸までの広い範囲に発生しました。液状化したのは、家屋の倒壊が集中した震度七の帯ではなく、それより南方の地域でした。とくに神戸市、芦屋市、西宮市の大阪湾岸の埋立地では高密度に発生し、埋立地の面積の二〇～三〇

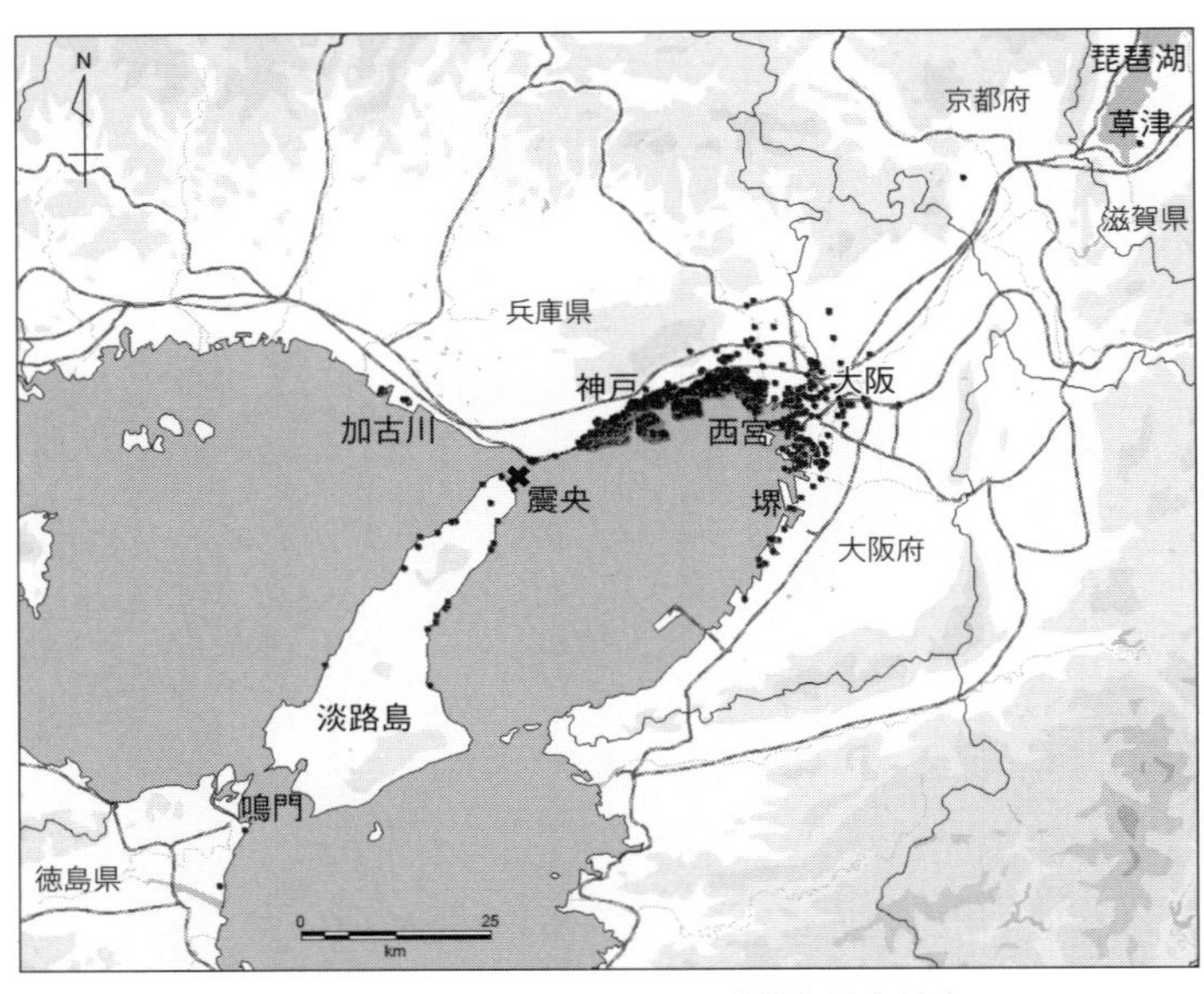

図 1-3　1995 年阪神・淡路大震災における液状化発生地点

%が噴砂で覆われました。液状化による噴砂は一カ所、二カ所とカウントできるくらい局所的なものであるというそれまでの概念を大きく覆しました。

神戸市から西宮市にかけての地域は、六甲山地が海岸近くまで迫り平地が少ないのが悩みの種で、昔から埋立てによって土地を得ていました。とくに、一九五三年以降は、六甲山地を削って住宅地を造成し、その土砂で海を埋立てするという「神戸方式」といわれる方法で、ポートアイランドや六甲アイランドといった大規模な埋立地ができました。これらの埋立地で液状化した土の大部分は、「マサ土」といわれる六甲山地の山砂でした。阪神・淡路大震災以前には、川砂や海砂の液状化は多数起きていましたが、山砂の大規模な液状化は専門家にとってもはじめての経験でした。

液状化が激しかった新しい埋立地でも、高層ビルや重要構造物が建てられている地区では、軟弱粘土層の圧密促進を目的としたサンドドレーン、プレローディングなどの地盤改良が施工されていました。また、不同沈下や液状化対策として、振動締固め工法やサンドコンパクションパイル工法などで埋立て土層の締固めが行われており、このような対策が行われていた地域では、液状化による被害はきわめて軽微でした。

側方流動で被害が増大

阪神・淡路大震災では埋立地の護岸に近い地区では、液状化により側方流動が発生し、日本を代表する国際港の神戸港に壊滅的な被害を与えました（写真1-16、写真1-17）。神戸港の大部分で用いられていたケーソン式護岸といわれる高さが一五m以上もある鉄筋コンクリートの重く巨大な箱形の護岸が、地震の強い揺れにより海側に前傾・移動したために、背後の液状化地盤が海に向かって流れ出したのです。護岸の移動量は、図1-4に示すように最大五m以上にも達しました。側方流動により地盤が海中に流出したために、護岸近くの地盤は最大二m以上も大きく沈下してしまいました（写真1-18）。

側方流動によって大きな被害を受けたのは、地上の構造物だけではありません。護岸近くの建物の基礎杭が、地盤の横方向の動きに耐えられず折損してしまいました。一九六四年の新潟地震の時に確

写真 1-16　神戸港の液状化被害（六甲アイランドコンテナターミナル）（筆者撮影）

写真 1-17　側方流動により海中にすべり出したメリケンパーク中突堤（Hamada and Wakamatsu, 1998）

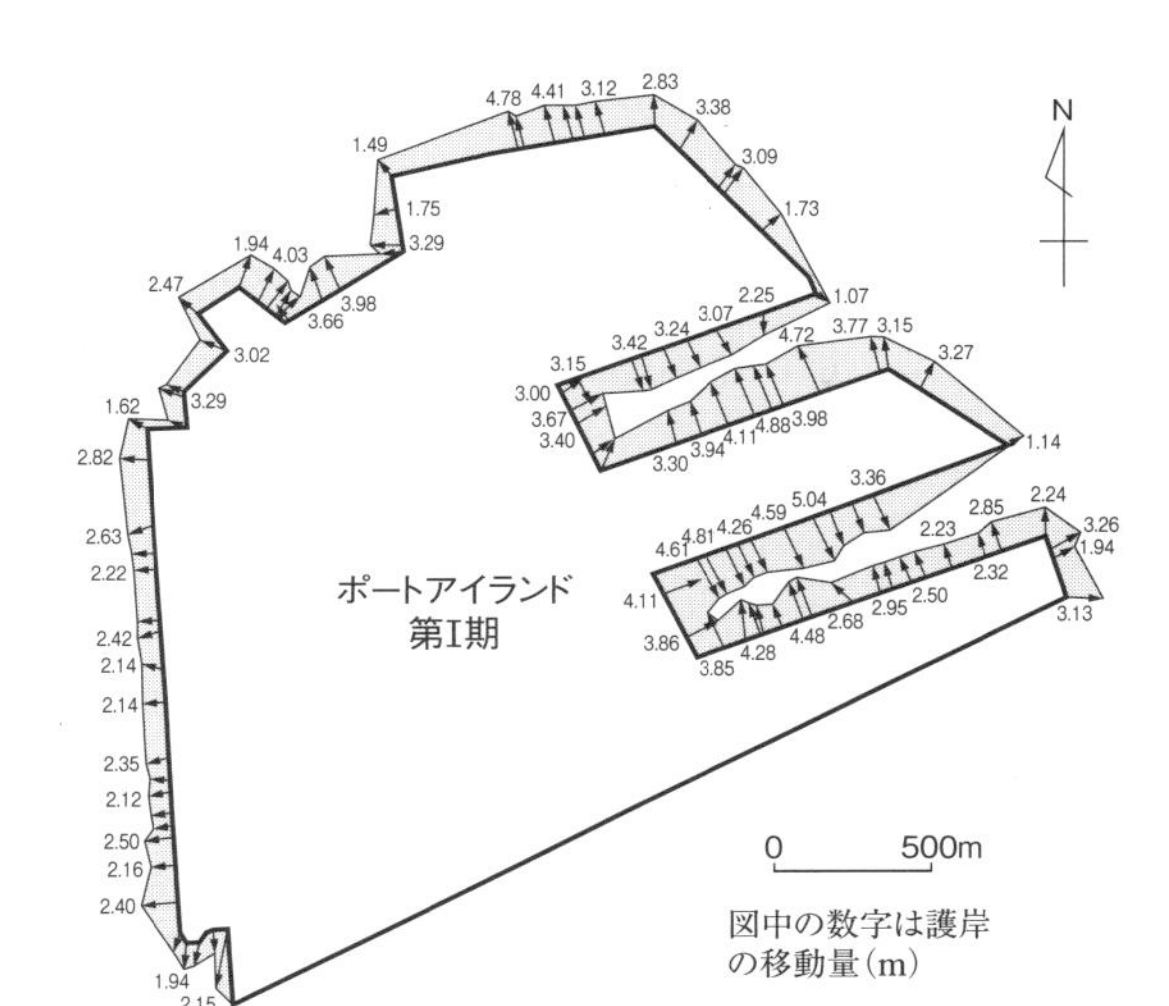

図 1-4　神戸市ポートアイランドにおける護岸の移動量
(Hamada *et al*., 1995 に基づき作成)

写真 1-18　側方流動による護岸背後の沈下（ポートアイランド北部）（筆者撮影）

認された杭の被害（写真1–9）と同じでした。

古い埋立地でも液状化被害

この地震での液状化の発生は、一九六〇年代以降に造成された新しい埋立地が大半を占めていましたが、西宮市と尼崎市の境を流れる武庫川下流のデルタ地帯でも発生しました。尼崎市築地は、大阪市に近い古い町です。多くの人が自然にできた土地と思っていましたが、実は「築地」の名が示すように、江戸時代に「築かれた土地」でした。ここには古い木造の住宅や商店が建ち並んでいましたが、約三〇〇棟の家屋が液状化被害を受けました。中には、写真1–19に示すように五〇cm以上も地中に潜り込んでしまった家屋もありました。「古い埋立地でも、条件によっては液状化する」ことを教えられた地震でもありました。

液状化によってあわや地震水害

この地震による液状化でもう一つ忘れてはいけないのは、大阪市此花区の淀川の酉島(とりしま)堤防の被害です（写真1–20）。液状化により、堤防が長さ一・八kmにわたって崩壊しました。ここは盛土の表面をコンクリートで固めた上に、パラペット（コンクリート堤防）を設置し、大阪湾の最低潮位より八・一m高くなっていました。被害が最もひどいところでは盛土が三mも沈下し、パラペットも低潮位から三・五mの高さになってしまいました。一九六四年の新潟地震では信濃川の護岸が破壊され、そこ

写真 1-19　液状化により道路面より低く沈み込んだ住宅（尼崎市築地）（堀江啓氏提供）

写真 1-20　淀川西島堤防の被害（阪神・淡路大震災調査報告編集委員会，1997）

に遡上してきた津波で市街地が浸水したことは先に述べましたが、大阪市の淀川の河口に近い地区でも液状化による水害の危険にさらされました。不幸中の幸いで、地震当時は川の水位が低かったために地震水害は免れました。

阪神・淡路大震災後の地震観測体制

阪神・淡路大震災を契機に、気象庁の震度階級が、それまでの体感による震度観測の八段階の震度階級から、計測機械による震度観測に変わり、現行の一〇段階の震度階級になりました。また、強震動の分布と建造物の破壊メカニズムを解明するために十分な地震観測データの蓄積がなかったことを教訓として、防災科学技術研究所により全国的な強震観測網Ｋ－ＮＥＴが整備され、全国を約二〇㎞間隔で均等に覆う約一〇〇〇カ所の強震観測施設が設置されました。その後、地表と地中で地震を同時観測するＫｉＫ－ｎｅｔと呼ばれる基盤強震観測網が、全国約八〇〇カ所に整備され、現在は地震発生直後に観測データを全世界に公表しています。この強震観測網のおかげで、液状化研究においても液状化発生と地震動の関係が明らかになってきています。

1.3 世界最大の液状化——二〇一一年東日本大震災（東北地方太平洋沖地震）

世界で第四位、マグニチュード九・〇の地震

二〇一一年三月一一日に太平洋三陸沖を震源として発生した東北地方太平洋沖地震（震災名：東日本大震災）は、地震のマグニチュードが九・〇で[8]、日本の地震観測史上最大、世界の地震観測史上では四番目に規模の大きい地震でした。この地震は、いわゆる海溝型地震と呼ばれる太平洋プレートと北アメリカプレートの境界で起きた地震で、断層が破壊した地域は日本海溝の下のプレート境界に沿って、南北約四五〇km、東西約二〇〇kmの広い範囲でした。この地震は三月一一日の一四時四六分頃発生しましたが、余震活動も活発で、本震の後一時間足らずの間にマグニチュード七以上の余震が立て続けに三回発生しました。

この地震による被害は、場所によっては高さ二〇mを越す津波が北海道から四国まで押し寄せたことや、福島第一原子力発電所の事故で代表されますが、液状化被害も広範囲に及び、住宅の沈下・傾斜、ライフラインの寸断、生活道路の破壊など、市民生活に与えた影響は甚大でした。

[8]　一般に日本でマグニチュードというと、気象庁マグニチュードを指しますが、この地震では規模が余りに大きく、地震計で観測される波の振幅から計算する気象庁マグニチュードが頭打ちになったため、岩盤のずれの規模を元に計算するモーメントマグニチュードM_Wという指標が使われています。

世界最大の液状化——南北六五〇kmの液状化の帯

図1-5は、東日本大震災における液状化発生地点の分布を示しています。液状化が確認された地域は、北は青森県から南は神奈川県まで南北約六五〇kmの範囲で、東北地方と関東地方の全一三都県の一九三市区町村に及びました。図1-5を見ると、液状化の発生は、東北地方に少なく関東地方に多いことがわかります。これは、関東平野という日本最大の平野の堆積物が液状化しやすかったこと、人口密度が高く経済の中心地でもある首都圏には人工的に改変した土地が多いこと、本震の約三〇分後に茨城県沖でマグニチュード七・六の大きな余震が発生したことが一因となっています。

全般的に見ると、液状化発生地点は、東京湾岸地域と内陸部の台地・丘陵地帯を除けば、東北地方、関東地方ともに大部分が河川の沿岸地域（表層に川が運んだ土砂が堆積している地域）です。東北地方では、太平洋に注ぐ河川だけでなく、日本海に注ぐ雄物川、最上川、阿賀野川の上流域沿岸でも液状化が発生したことが注目されます。震央（震源の真上の地上の地点）から四四〇kmも離れた神奈川県平塚市でも液状化が起きていました。これだけ広範囲・高密度に発生した液状化は世界的にも例がなく、「世界最大の液状化」と言えるでしょう。

国土交通省都市局の調べ（二〇一一年九月二七日の集計）によると、液状化による宅地の被害は九都県八〇市区町村の二万六九一四件にも上りました（表1-1）。都県別に見ると千葉県が最も多く一万八六七四件、市町村別では浦安市が八七〇〇件と最も多く、全国の被害件数の三分の一の数になって

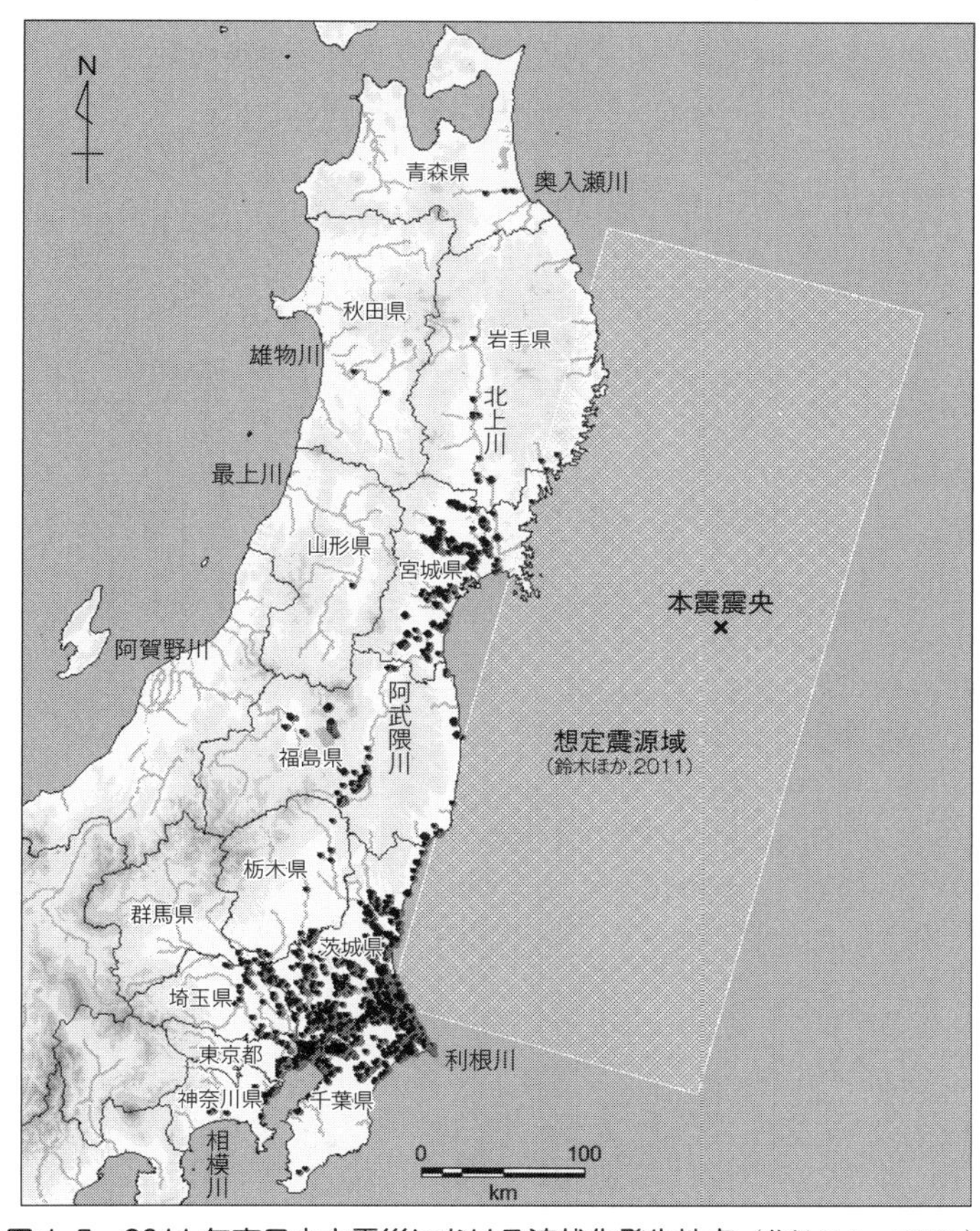

図1-5　2011年東日本大震災における液状化発生地点（若松ほか，2017a）

表 1-1　液状化による宅地被害件数上位 10 位の市町村と震度階

市　名	液状化による宅地被害件数（国土交通省都市局 2011 年 9 月 27 日現在）	液状化被害地域近傍で観測された震度階*
千葉県浦安市	8700	5 強
千葉県習志野市	3916	5 強
茨城県潮来市	2400	6 弱
千葉県香取市	1842	5 強
茨城県神栖市	1646	5 強
千葉県千葉市	1190	5 強
福島県いわき市	1043	6 弱
千葉県船橋市	824	5 弱
千葉県旭市	757	5 強
千葉県我孫子市	635	5 弱

＊気象庁：平成 24 年 12 月地震火山月報（防災編）に基づく

います。

住宅などの被害の特徴の一つとして、沈下量が従来に比べて並外れて大きかったことが挙げられます。戸建て住宅の沈下量は東京湾岸の埋立地では最大五〇cm程度、我孫子市、稲敷市、香取市など利根川沿岸の地区では一mに達する家屋もありました。

震度五強でも液状化被害

この地震では宮城県築館町で震度七を記録するなど、全般に東北地方で大きな震度が観測されました。では、震度が大きいところで液状化が多く発生したかというと、必ずしもそうではありません。表1-1に示した液状化による宅地被害件数がトップの浦安市をはじめとして、ほとんどが震度五強の地域でした。震度が比較的低かった関東地方に液状化しやすい地盤が多く存在していたこと、本震の揺れの継続時間がきわめて長かったことや、前述の茨城県沖で発生した余震の影響が大きかったことなどが原因として考えられます。また、少し専門的な話になりますが、液状化が起こるような軟弱地盤では、強震時には地盤の非線形挙動[9]により地表の揺れが低減されることがあり、この影響を受けていることも予想されます。しかし、東日本大震災での液状化の大部分が震度五強以上の地域で発生したという事実は、この地震以前の地震と同じでした。震度五強は、液状化に対する抵抗力が小さい地盤で液状化が起こりはじめる揺れの強さの目安と見て良いでしょう。

昔の地形に戻る？

千葉県浦安市、習志野市、千葉市の東京湾岸埋立地では、宅地や生活道路が液状化で噴き出した砂や地下水で泥海のような状態になりました（写真1-21、写真1-22）。中でも、表1-1で液状化による家屋被災数トップの浦安市は、図1-6に示すように、市域の約八五％が東京湾岸の干潟や海を一九六五年以降に埋め立てた地域であり、軟弱な埋立て層の直下には、さらに軟弱な自然堆積の粘性土が堆積しています。東京ディズニーランドの開業や京葉線の開通により、都心に近い海辺のベッドタウンとして人気を呼び急激に人口が増加した市です。浦安市の住民が「自然が一瞬にして土地を元

［9］　この現象が起きると、地下から伝わってきた地震波が地表に近づくにつれて一般的には増幅するはずの揺れの振幅が押さえられたり、かえって小さくなったりします。結果として、地表での揺れの強さが低減されます。軟弱地盤で顕著に起こる現象で、地盤が液状化して軟化したことによって起こる場合もあります。

写真 1-21　浦安市美浜 3 丁目の液状化被害（浦安市，2012）

写真 1-22　千葉市美浜区磯辺における噴砂（千葉市建設局，2013）

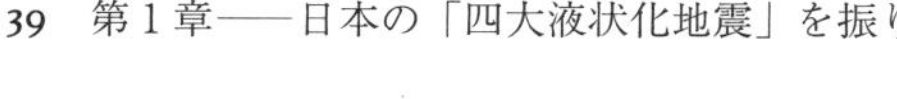

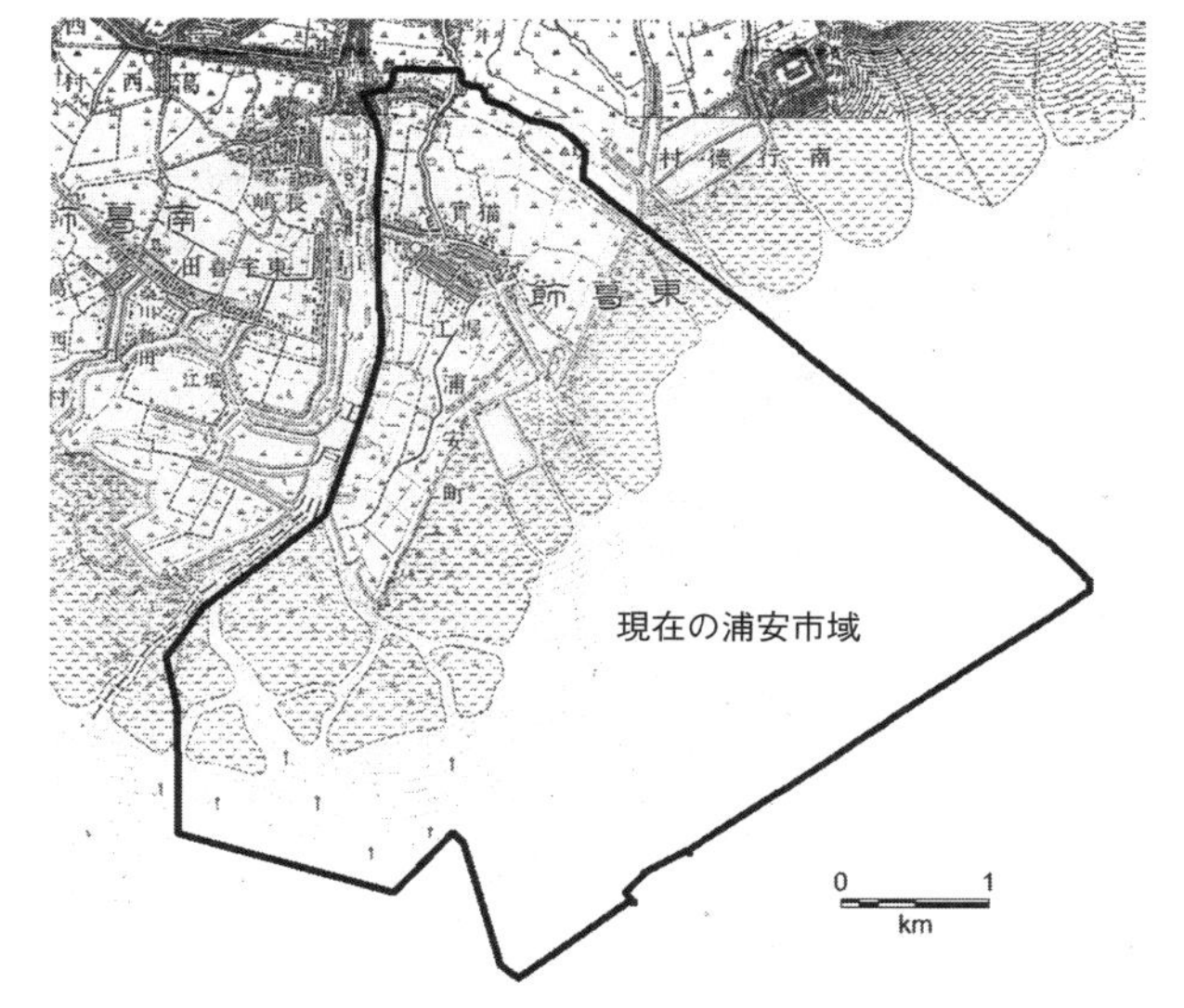

図 1-6　1909 年（明治 42 年）の浦安市付近と現在の市域（太線）（1/5 万地形図「東京東北部」「東京東南部」1909 年に加筆）

図 1-7　利根川の蛇行流路を直線化したためにできた沼（1/5 万地形図「佐原」1952 年に加筆）

写真 1-23　液状化により昔の沼に戻った道路と農地（稲敷市六角）（稲敷市撮影）

写真 1-24　液状化により水没した道路と農地（稲敷市西代）（稲敷市撮影）

（海）に戻した」と大きなため息とともにつぶやいたと聞いたことがあります。

液状化被害が顕著だったのは東京湾岸の埋立地だけではありませんでした。利根川やその支流の小貝川、鬼怒川の旧河道（昔の川の流路）でも甚大な液状化被害が発生しました。利根川は明治期には大きく蛇行して流れていましたが、洪水対策のため蛇行した流路を直線化し、大正期初頭には元の流路を締め切ったことによって多数の沼ができました（図1-7）。これらの沼は一九六〇年前後に利根川の川底をさらった土砂である浚渫砂で埋立てられました。平常時に現地を見ても旧水域とそれ以外の地域は全く区別できません。しかし約六〇年前まで沼や川だったところでは、東日本大震災の際に液状化による地下水の湧出で洪水と見間違うほど冠水し、まるで昔の沼が復元されたような光景があちこちで見られました（写真1-23、写真1-24）。

表1-2　台地での液状化による建物の被害数（若松・古関，2015）

県・市町村	被害概数
千葉県船橋市	600棟
千葉県佐倉市	400棟
千葉県我孫子市	220棟
茨城県鉾田市	220棟
茨城県石岡市	60棟
茨城県土浦市	50棟
茨城県その他16市町村	280棟
千葉県その他16市町	220棟
その他の県	10棟
合　計	2060棟

台地や丘陵地帯でも液状化被害

この地震では、液状化が起こらないと一般には考えられている標高が高い丘陵や台地でも、液状化被害が多く発生しました。その数は、千葉県船橋市内陸部の約六〇〇棟、佐倉市の約四〇〇棟、我孫子市の約二〇〇棟をはじめとして、関東地方全体で合計二〇〇〇棟以上にのぼっています（表1-2）。大部分は一九六〇～七〇年代にかけてのミニ開発の造成地でした。

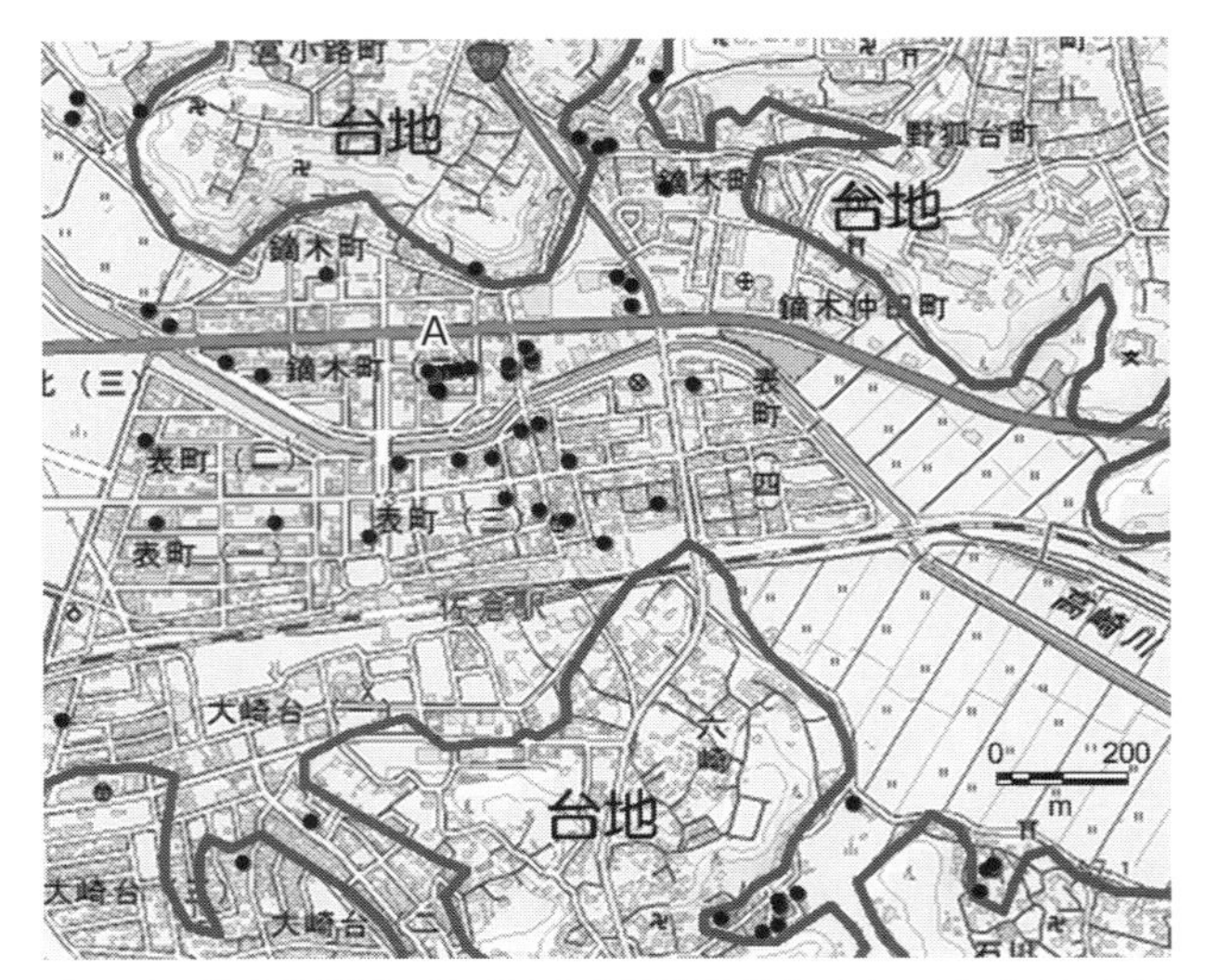

図 1-8　佐倉駅付近の造成地の家屋被害分布（地理院標準地図を用いて若松・古関，2015 に基づき作成）

写真 1-25　谷埋め盛土の造成地の建物被害（佐倉市鏑木町）（佐倉市撮影）

図1-9　我孫子市の造成地の家屋被害分布（地理院標準地図を用いて若松・古関，2015に基づき作成）

船橋市では、市の中央を流れる海老川とその支流の飯山満川、長津川、前原川沿いの谷津（谷底の低地）に多く液状化被害が発生しており、いずれも高度経済成長期に切土・盛土によるミニ開発が無尽蔵に行われた場所とのことです。上記の川沿いの谷は、約六〇〇〇年前の縄文海進時に海没した溺れ谷で、極めて水はけが悪い軟弱地盤であり、現在でも頻繁に内水氾濫を起こしている地域です。このような土地に盛土をして宅地化したところで被害が発生したのです。

佐倉市でも、船橋市と同様、溺れ谷由来の軟弱地盤の谷で家屋の液状化被害が多数発生しました。一九六〇～七〇年代の造成地が大部分でしたが、大規模な盛土造成を行っていない古い住宅地でも、液状化による家屋の全壊などの被害がありました。図1-8に、JR佐倉駅付近の液状化による被害家屋の分布を示します。図には造成前の台地と低地の境界も示しています。被害地点は印旛沼に注ぐ高崎川沿岸の谷底低地やその枝谷にあたっていることがわかります。図1-8のA地点では、一九八〇年代後半に水田を盛土造成した場所に建てられた築二〇年の集合住宅（軽量鉄骨二階建て）三棟が地盤にめりこむように沈下して全壊判定となりました（写真1-25）。

我孫子市では、青山台、柴崎台、新木野、我孫子などの台地部の谷を埋めた地区で液状化による家屋被害がありました。図1-9に示すように、いずれも溺れ谷を盛土造成した宅地です。仙台市泉区の南光台や松森陣ケ原などの造成地でも同様な被害がありました。

以上のように、液状化は埋立地や低地だけに起こるものではありません。第3章でくわしく解説しますが、台地や丘陵地帯の造成地も要注意です。

再液状化が続出

過去に一度液状化した地盤がその後の地震で再び液状化することを「再液状化」と呼んでいます。これまでにも、わが国やアメリカ合衆国、ニュージーランドで報告されてきています。地盤が液状化すると、地表面が沈下するため、地下の砂層は沈下した分だけ締め固まると信じている人は少なくありませんが、東日本大震災では、一〇〇カ所以上の再液状化が見つかりました。東日本大震災の液状化被害地域である千葉県から茨城県にかけての地域や宮城県では、一九八七年千葉県東方沖の地震、一九七八年宮城県沖地震、二〇〇三年宮城県北部の地震などで液状化の記録があり、その詳細な位置も判明しています。筆者が過去の液状化履歴に着目して調査した結果、東京湾岸埋立地、利根川沿岸、房総半島、旧北上川沿岸、鳴瀬川沿岸など一〇〇カ所以上で再液状化が確認されました。

図1-10に浦安市における一九八七年千葉県東方沖の地震と二〇一一年東日本大震災による液状化発生地域を示します。浦安市では、再液状化は宅地内や道路・公園に発生しています。一九八七年の地震の際に液状化が確認されているのは、海楽一丁目、美浜三丁目、入船四丁目のみでした。一九八七年当時の浦安市や住人の話では、写真1-26のような噴砂が見られただけでした。建屋自体の沈下は見られず、塀、門柱、ポーチなどの軽微な沈下や小亀裂にとどまっていました。浦安市の住宅はべた基礎[10]が多くこれが功を奏して被害がなかったと当時は考えていましたが、東日本大震災では、写真1-21に示したような大規模な液状化が発生し、べた基礎の家屋が多数被害を受けていました。

千葉市でも、一九六一〜一九八〇年に埋立て造成された美浜区では、一九八七年千葉県東方沖地震と東日本大震災の両方で液状化が発生しました。浦安市と同様、東日本大震災での液状化の方が広範囲で被害程度も甚大でした。写真1-27(a)(b)は、一九八七年千葉県東方沖地震と二〇一一年東日本大震災の際の同じ場所で撮影した写真です。校庭のほとんど同じ場所で噴砂が発生していることがわかります。

[10]　建物の基礎全面に鉄筋コンクリート床版（スラブ）を打設し、建物の荷重を全面で支えるタイプの基礎。布基礎に比べて基礎底面の面積が大きいため荷重を分散させて地盤に伝えることができるので、地盤が軟弱な場合に用いられます。

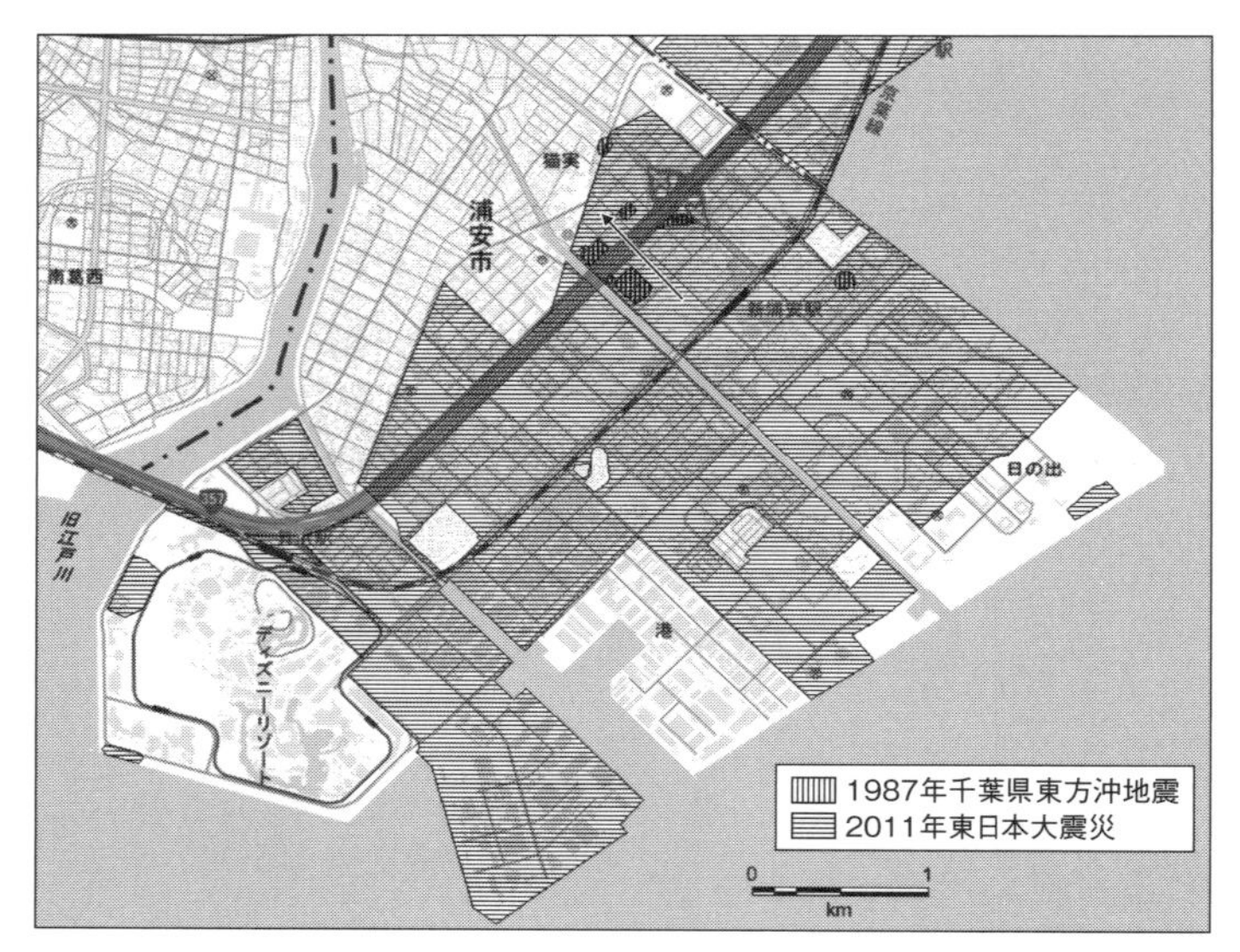

図 1-10　浦安市の再液状化発生地点（地理院標準地図を用いて若松，2012 に基づき作成）

写真 1-26　1987 年千葉県東方沖地震による噴砂・湧水（浦安市美浜 3 丁目）（筆者撮影）

(a) 1987 年千葉県東方沖地震（筆者撮影）

(b) 2011 年東日本大震災（鬼塚信弘氏撮影）

写真 1-27　千葉市美浜区高洲第三小学校における噴砂

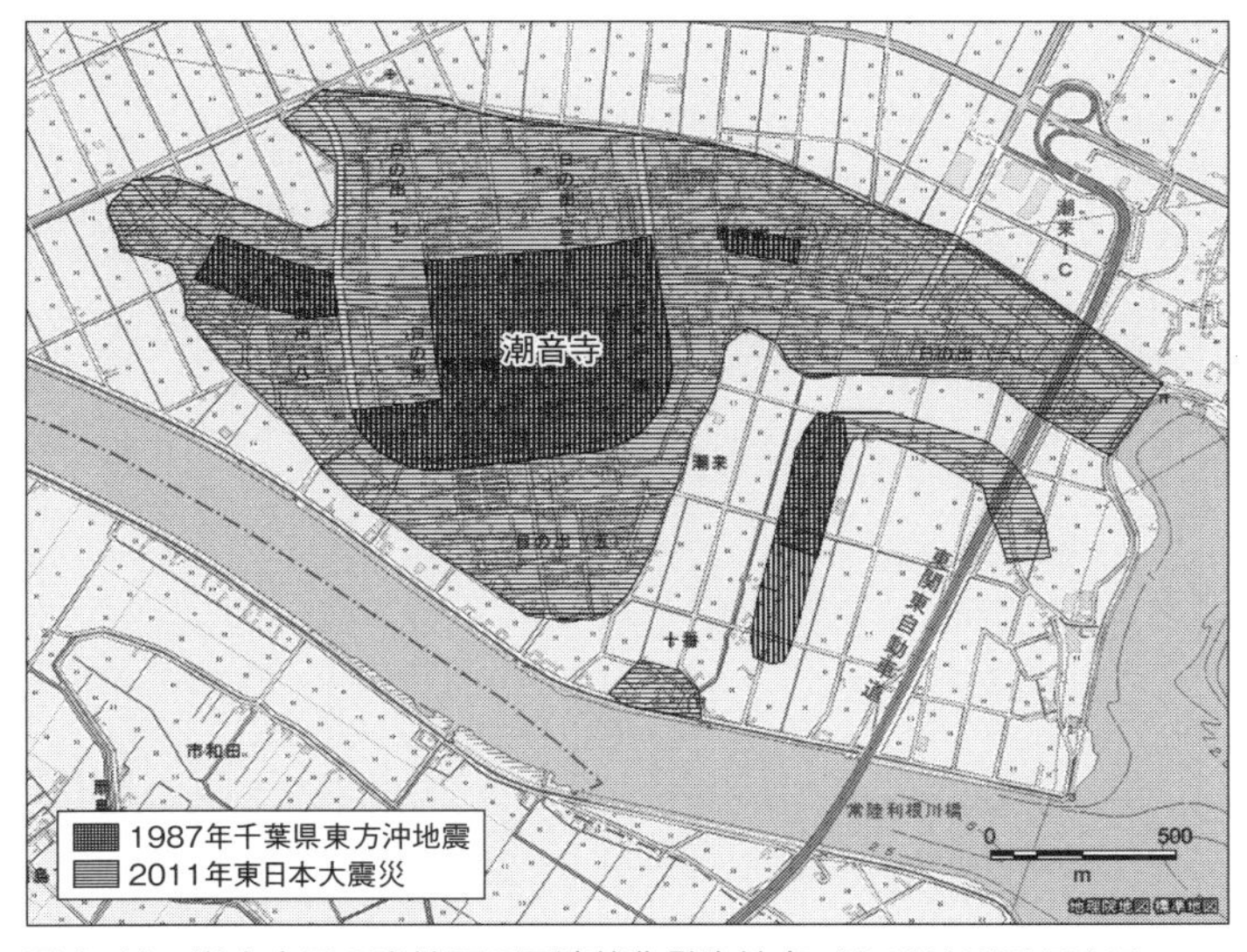

図 1-11　潮来市日の出地区の再液状化発生地点（地理院標準地図を用いて若松，2012 に基づき作成）

茨城県と千葉県の県境を流れる利根川沿岸でも、再液状化が多く見られました。図1−11に茨城県潮来市日の出団地における一九八七年千葉県東方沖地震と二〇一一年東日本大震災における液状化発生地域を示します。日の出団地は、一九四一〜一九五〇年にかけて内浪逆浦を干拓してできた水田に、一九七〇年頃盛土造成してできた住宅団地です。一九八七年の千葉県東方沖地震の際には、日の出四丁目の潮音寺境内では噴砂があり、ひょうたん池周辺での噴砂がとくに多く発生していました。その西側の日の出六丁目内では、噴水高さが五m位に達し電線に届くほどだったとのことです。

写真1−28(a)(b)は、日の出五丁目付近の道路脇の水路の蓋の状況です。写真(a)に示すように一九八七年には道路南側の畑に噴砂が発生しましたが、水路の蓋（写真手前）には変状は認められませんでした。しかし二〇一一年の地震によるこの場所の被害は大きく、写真(b)に示すように電柱は傾斜し、水路の蓋は北側（写真右手）からの地盤の突き上げ現象により浮き上がって斜めになってしまいました。液状化による地盤の突き上げ現象とは、広域の地盤が液体状になり、洗面器内の水を揺すった時のように水面が揺動し、その時の地盤の変形がそのまま残ったと考えられている現象で、東日本大震災では千葉県の浦安市や九十九里浜の旭市などでも見られました。

以上の他、再液状化は利根川沿岸の稲敷市や神崎町に多く見られました。写真1−29(a)(b)は、稲敷市六角（沼地の埋立地）における再液状化の例です。二枚の写真はほぼ同じ位置で撮影されています。この家の住人によれば、一九八七年には家屋は多少沈下し、軽トラックが噴砂に潜ったが大きな被害はなかったとのことです。二〇一一年には住宅兼事務所が大きく傾き、約一m地中に潜り込んでしま

(a) 1987年千葉県東方沖地震

(b) 2011年東日本大震災

写真 1-28　潮来市日の出5丁目における液状化被害（筆者撮影）

(a) 1987年千葉県東方沖地震（旧東村撮影）

(b) 2011年東日本大震災（筆者撮影）

写真 1-29　稲敷市六角における液状化被害

いました。

以上のように、いったん液状化したところは必ずしも締め固まるわけではなく、また大地震に見舞われれば再び液状化することがわかります。

津波からの避難を阻んだ液状化

液状化は、高い津波に襲われた東北地方の太平洋沿岸地域でも発生しました。噴砂など液状化が発生した痕跡の多くは、地震後三〇分~二時間後に襲ってきた大津波によって消失してしまいましたが、津波襲来前に撮影された写真や動画が残されている地域もあります。

宮城県亘理町荒浜地区には、地震発生から一時間四五分後に高さ七mを越える津波が押し寄せてきました。この地区での液状化の様子を動画に撮影した齋藤邦男さんによれば、地震の約一五分後に辺り一面に重油のような臭いのする黒い泥水を噴き出し、周辺は泥海と化したそうです(写真1-30)。津波警報発令を知らせる巡回広報車が避難を呼びかけていました。ここからは高台が遠いため、住民の多くが車を利用して避難しようとしましたが、写真1-31のように車が地割れと噴砂に潜り込み、避難は容易ではありませんでした。住民どうしで噴砂にはまった車を押し上げながら、高台に避難できたのは津波が襲来する一〇分前のことでした。ここでは、一九七八年六月一二日の宮城県沖地震、二〇〇五年八月一六日宮城県沖を震源とする地震に続いて、東日本大震災で三回目の液状化でした。一九七八年と二〇〇五年の地震では、堤防を越えるような津波被害はありませんでしたが、東日本大

写真 1-30　宮城県亘理町荒浜隈崎における津波襲来前の液状化の状況（2011 年 3 月 11 日 15：05 齋藤邦男氏撮影）

写真 1-31　地割れと噴砂にはまった乗用車（亘理町荒浜隈崎）
（2011 年 3 月 11 日 15：05 齋藤邦男氏撮影）

震災では津波は堤防を優に超えました。堤防自体も根元からなぎ倒されていたことから、堤防の基礎地盤が液状化によってゆるんでしまったと推測されます。

液状化が広範囲に起こると、車での避難も徒歩での避難も難しくなります。津波が予想される地域では、地盤の液状化の危険性も合わせて調べ、避難路を考えておいた方が良いでしょう。

1.4 「水の都」熊本を襲った液状化——二〇一六年熊本地震

前代未聞の震度七が連続二回

二〇一六年四月一四日二一時二六分頃、熊本地方はマグニチュード六・五の地震に見舞われ、熊本県益城町では震度七の揺れを記録しました。大きな地震を起こす可能性があるとして国が指定していた主要活断層一一三カ所の一つである日奈久（ひなぐ）断層が動いたのでした。気象庁はこの地震を「平成二八年（二〇一六年）熊本地震」と命名し、余震への注意を呼びかけました。

その約二八時間後の一六日午前一時二五分頃、強い揺れが前回より広い範囲を襲い、益城町では再び震度七が観測されました。この地震のマグニチュードは七・三と、二一年前に阪神・淡路大震災を引き起こした地震と同じ規模でした。一四日に動いた日奈久断層の活動に誘発され、この断層の東側に連続する布田川（ふたがわ）断層が動いたのです。一四日の地震では震度五弱で被害軽微だった阿蘇地方にも大

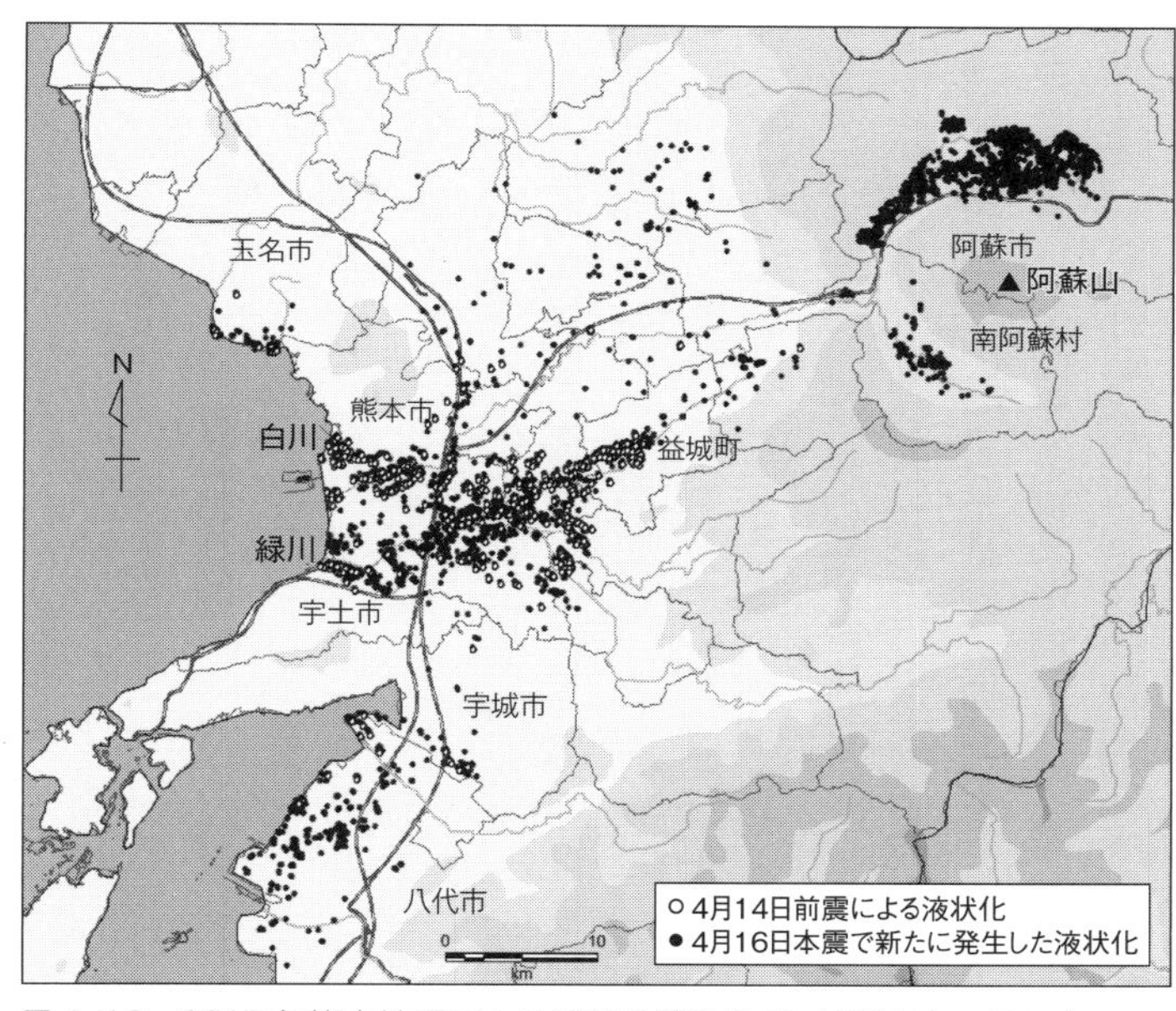

図1-12　2016年熊本地震による液状化発生地点（若松ほか，2017b）

きな被害が発生しました。気象庁は、一四日の地震は前震で、一六日の地震が本震と見られると発表しました。

「水の都」熊本を襲った液状化

強烈な揺れのために、震度七が二回観測された益城町を中心に、熊本県では八六七三棟が全壊しました（二〇一七年三月一四日現在、消防庁による）。液状化も広範囲で発生しました。熊本県下の一八市町村で液状化が確認され、その分布は地震を引き起こした日奈久・布田川断層に沿って約八〇kmの帯状に伸びていました（図1–12）。液状化の証拠である噴砂の数は、前震でおよそ一三〇〇カ所、本震ではその六倍の七八〇〇カ所に増加しました。

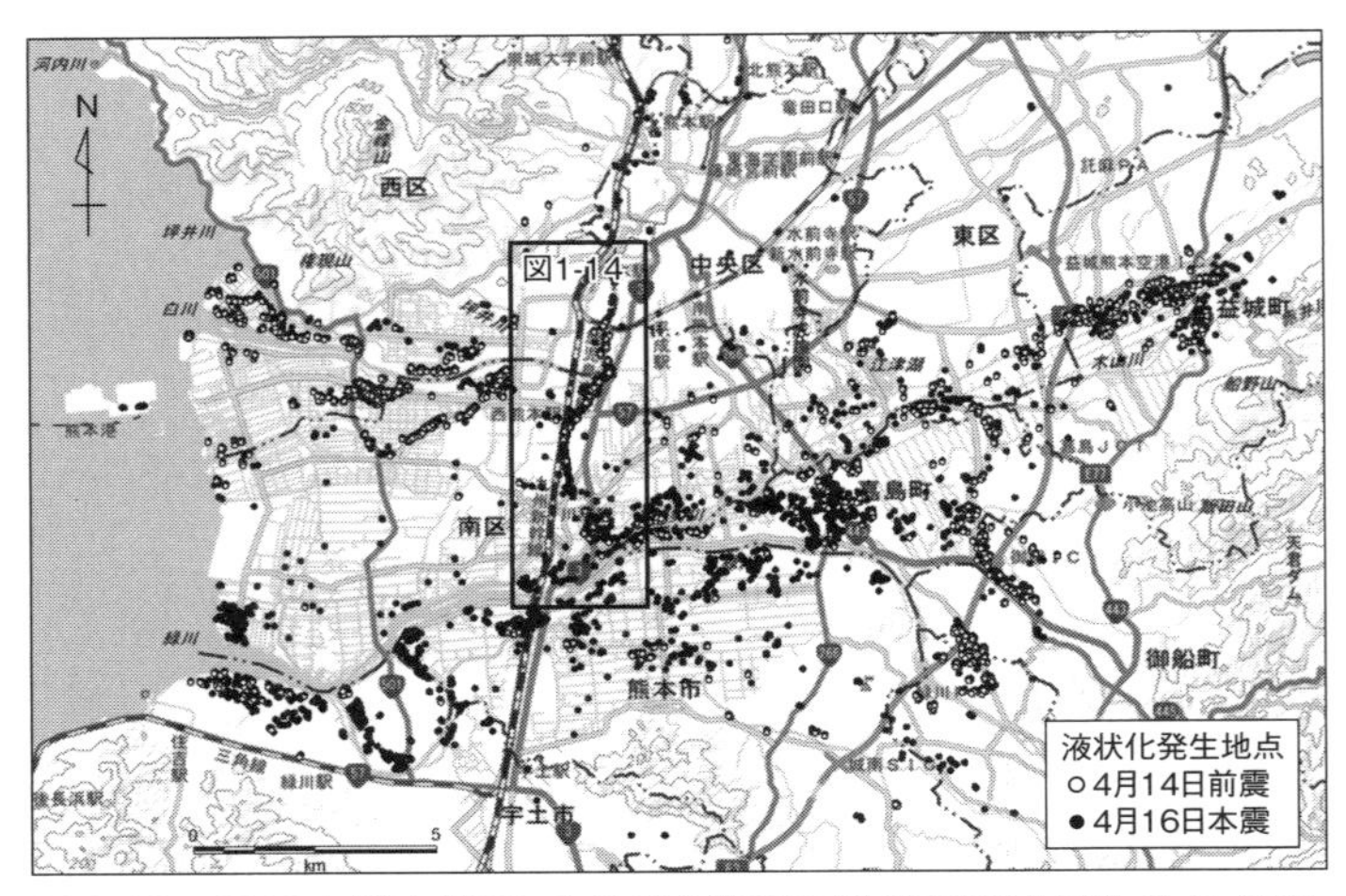

図 1-13　2016 年熊本地震による熊本平野における液状化発生地点（若松ほか，2017b，背景図は地理院標準地図）

液状化による被害は、全地域を通じて農地、農業用施設、農道、河川堤防・護岸に多く、熊本平野では電柱の沈下、住宅・店舗などの不同沈下や塀などの外構の傾斜・沈下、木造住宅や鉄筋コンクリート造の建物の基礎杭の抜け上がりなどの建物被害が認められました。

図1-13は熊本平野における液状化発生地点を示しています。低地には「井手」と呼ばれる水路が張り巡らされ、地下水が豊富な地域であることがうかがわれます。液状化は、低地を流れる白川・緑川とその支流沿岸に広がる氾濫原[11]に多いほか、有明海に面した海岸部の干拓地[12]でも発生しました。

自然地盤が多かった液状化

熊本地震の発生以前までは、阪神・淡路大震災や東日本大震災での経験から、液状化というと埋立地で起きる災害というイメージが広く浸透していました。しかし、熊本県には有明海沿いの海岸地帯に埋立地はほとんどなく、熊本港や八代港のごく一部に存在するだけでした。

液状化の大部分は、自然に堆積した地盤で起こりました。図1-13を見てもわかるように、川の氾濫堆積物で覆われている地域です。熊本は四〇〇年前の加藤清正の時代から、河川改修が盛んな地域で、「瀬替え」といって川の流路を人工的に変えた場所も少なくありません。しかし、液状化は旧河道だけに集中して起きていたわけではなく、川沿いに広く発生していました。つまり、川の氾濫地域に液状化が集中したのです。

謎の液状化の帯

熊本市内でも液状化被害がとくに集中した地区がありました。熊本駅付近から熊本市南区近見、川尻に至る幅五〇～一〇〇m、南北約七kmの細長い帯状の地域です（図1-14）。熊本駅から白川に架かる蓮台寺橋付近までは、白川の高水敷（河原）に噴砂が見られました。蓮台寺橋南方の近見から川尻付近までは、JR鹿児島本線にほぼ平行して鹿児島街道（薩摩街道）と呼ばれる約四〇〇年前からある古い街道の両側に液状化被害が見られました（写真1-32～1-36）。熊本市の発表に基づく報道

[11]　洪水時に流水が河道などから溢流して氾濫する範囲の低地で、表層は氾濫堆積物で覆われています。
[12]　干潟や浅海底を築堤と排水により陸化させた土地。

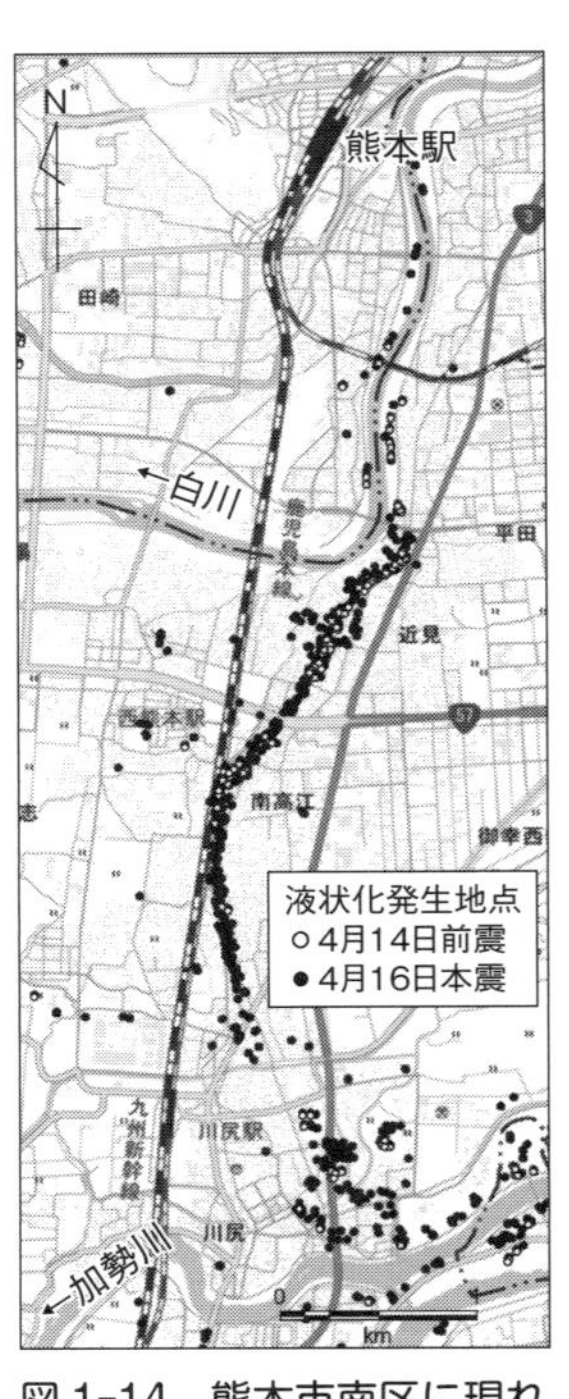

図1-14　熊本市南区に現れた液状化の帯（位置は図1-13参照）（若松ほか, 2017b, 背景図は地理院標準地図）

（熊本日日新聞二〇一六年一二月一四日朝刊）によれば近見から川尻にかけては、約一三〇〇戸に沈下や傾斜などの家屋被害があったそうです。

液状化によって地表に噴き出した砂は、阿蘇火山から噴出または流出した火山灰が川によって運ばれてきた「ヨナ」と呼ばれる砂でした。この付近のボーリング資料によると、地表から深さ一〇m近くまでヨナと考えられる水を多量に含むゆるい砂が堆積しています。

液状化被害が帯状に伸びること、鹿児島街道脇に幅一・五m前後の細い水路があることから、当初、この地区は白川の旧河道だったのではないかとの推測がなされました。しかし、地形的特徴を見ても旧河道であることを示す帯状の凹地形は認められず、逆に鹿児島街道に沿って小高い地形になっています。この地域には、明治以前の地図が残されており、代表的なものとしては、慶長国絵図（一六〇〇年代初頭）（図1-15）、正保国絵図（一六四四～一六五九年頃）、元禄国絵図（一七〇一年）、天保国絵図（一八三八年）が挙げられます。この四つの絵図に鹿児島街道は描かれていますが、街道沿いに川は見当たりません。

写真 1-32　門柱と塀の傾斜と鹿児島街道と宅地の間の水路（熊本市南区近見１丁目）（筆者撮影）

写真 1-33　杭が１m 近く抜け上がった３年前に建てられた５階建ての建物（熊本市南区近見１丁目）（筆者撮影）

写真 1-34　1 m 以上沈下した電柱（熊本市南区近見 2 丁目）
（筆者撮影）

写真 1-35　約 50 cm 沈下した 3 階建ての店舗（熊本市南区刈草 2 丁目）（筆者撮影）

写真 1-36　お互いにもたれかかって傾斜した 2 棟の建物（熊本市南区刈草 2 丁目）（三輪滋氏撮影）

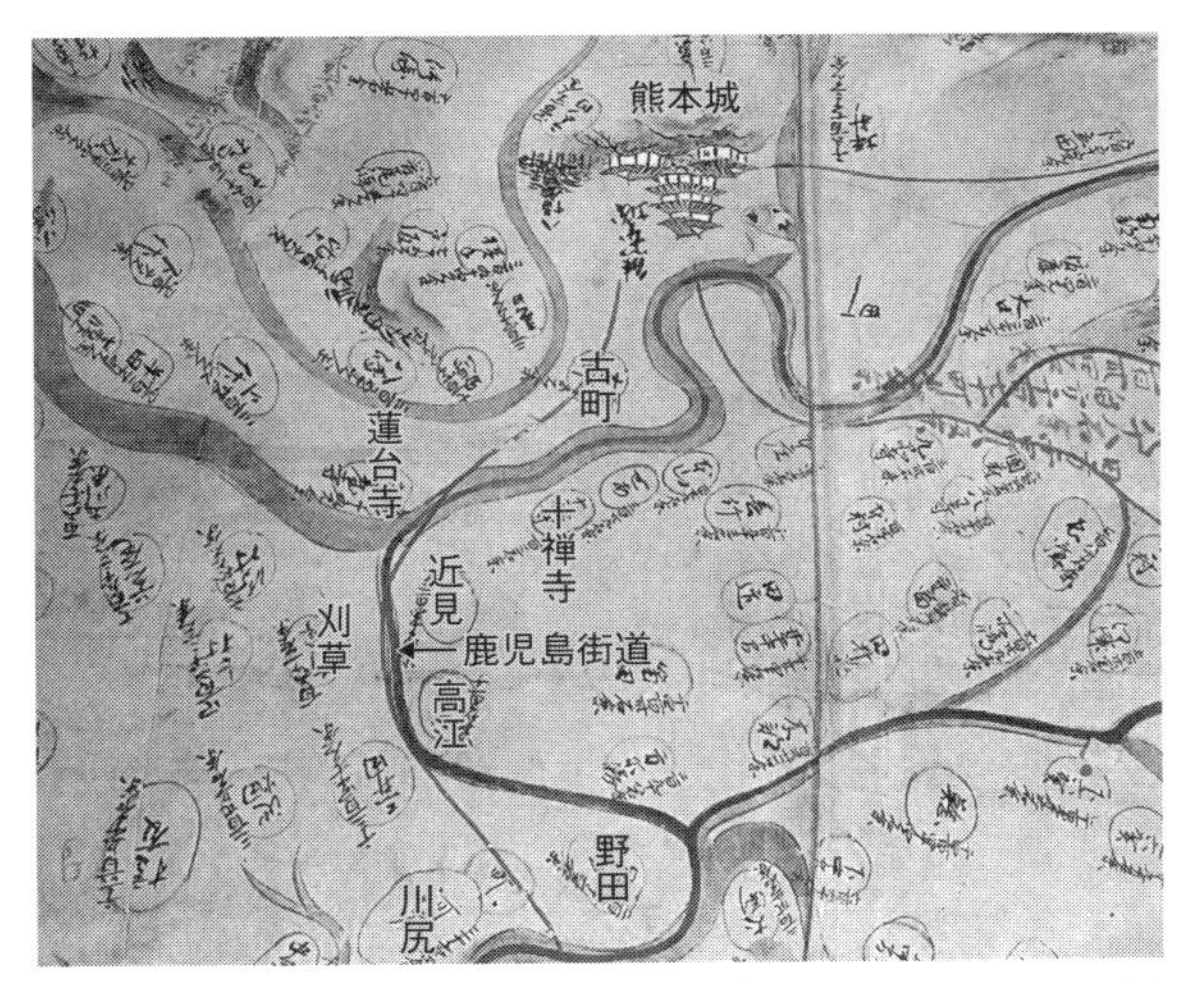

図 1-15　慶長国絵図（1600 年代初頭）（川村編，2000 に加筆）

以上のことから、少なくとも四〇〇年余り前までには大きな河川はなく、現在とほとんど変わらない地形だったと考えられます。四〇〇年より以前に白川の本流が蓮台寺橋付近から現在のように西方に流れていたのではなく、川尻方面に南流したという説もあるようですが、それが白川の本流とすると現在の流路に付け替えた大土木事業の記録が残されているはずです。しかし、記録もなく、加藤清正の藩政以前は、諸国が分立していて白川の大がかりな瀬替えをするような力と技術がある者はいなかったと考えられます。

それでは、この地域の帯状の液状化の要因は何か？　あくまで筆者の推測ですが、蓮台寺橋付近で白川両岸の堤防が液状化による被害を受けていたこと、鹿児島街道沿いの噴砂の延長は、蓮台寺橋より北方の白川の高水敷に熊本駅付近まで連続していたこと、鹿児島街道沿いに浅井戸が多いことから、白川の地下水脈が蓮台寺橋付近で分岐して鹿児島街道沿いの地下浅所を流れ、水脈に沿った家屋が帯状に被災したという解釈もできると考えています。現在、被災地では熊本市による地盤調査も行われており、今後真相に迫ることができるかも知れません。

標高五〇〇ｍの高原を襲った液状化

阿蘇山の外輪山の中の阿蘇市でもおびただしい数の噴砂が見られました（図1-16）。阿蘇というと高原をイメージしますが、標高は高くても低地が広がっています。熊本市を流れる白川の支流である黒川が外輪山の山裾を東から西に向かって流れ、軟弱な氾濫原を形成しているのです。黒川南方の阿

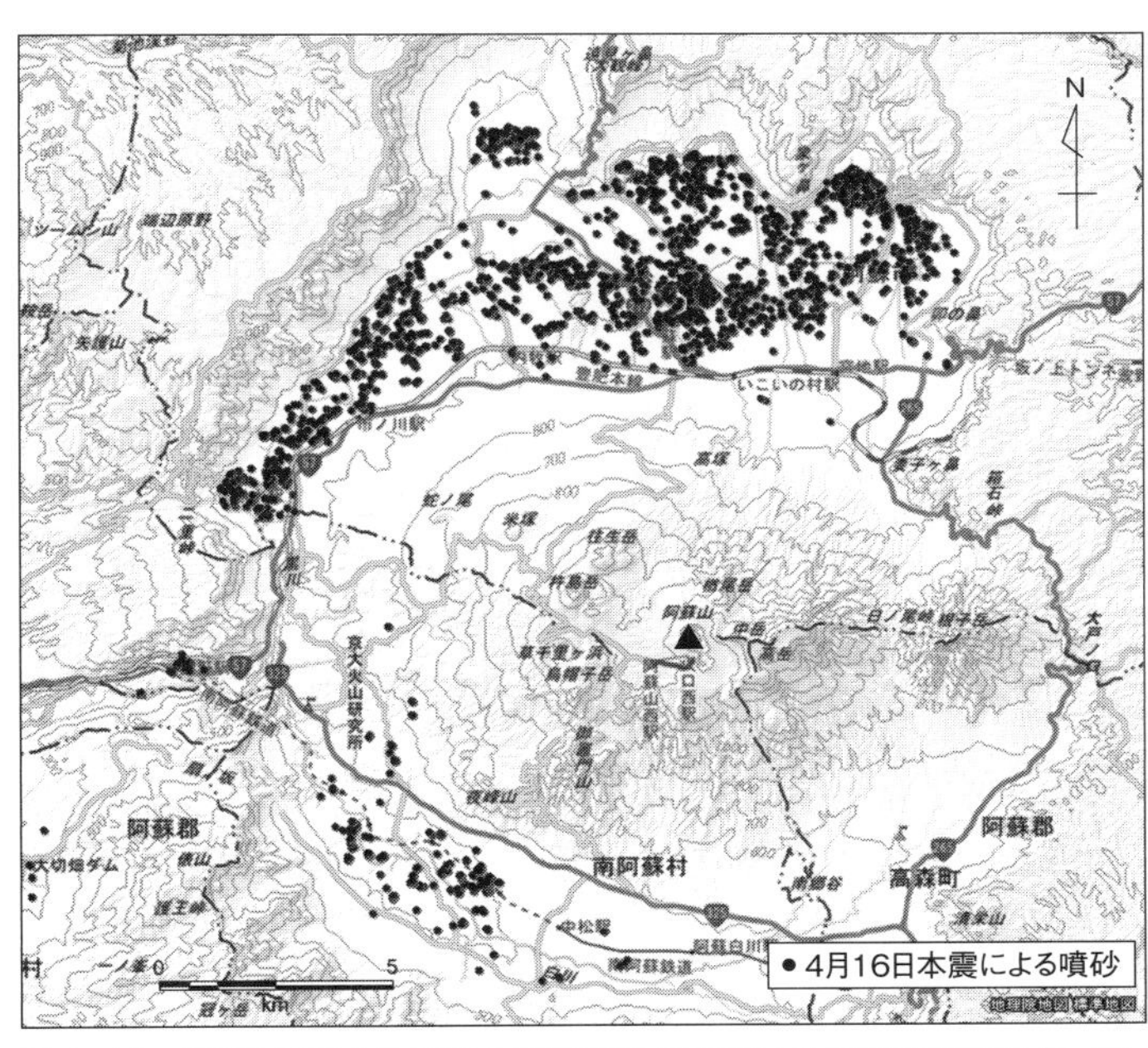

図1-16　2016年熊本地震による阿蘇地域における液状化発生地点（若松ほか，2017b，背景図は地理院標準地図）

蘇山の山裾には、扇状地が広がっています。前震の時には何事もなく、本震で主に農地に多数の噴砂が発生しました（写真1-37）。地形的に見ると、黒川の氾濫原と阿蘇火山山麓の扇状地に液状化が起こりました。この地域は阿蘇山を水源とする地下水がきわめて豊富な地域で、湧泉が多く分布する田園地帯です。熊本平野と同様、ヨナと豊富な地下水が液状化の要因と言えます。

一方、阿蘇山の南麓の南阿蘇村では、北麓の阿蘇市に比べて液状化の発生は多くありませんでした。南阿蘇村は白川の上流部にあたっていますが、氾濫原が狭く低地が少ない地形となっています。このことが、液

写真1-37　農地に広がる噴砂（阿蘇市三ツ久保）（筆者撮影）

状化の発生が抑えられた原因の一つと考えられます。

砂利の採掘跡地はやっぱり危ない

熊本平野の話題に戻ります。熊本平野には、図1-13にも示されるように白川と緑川の二大河川が東から西に向かって流れています。このうち白川は阿蘇山に水源を発し、ヨナを運搬して流下する川です。これに対して緑川は宮崎県境の向坂山を源とし急峻な地形を流下するため砂礫を運ぶ川で、沿岸は砂礫質の地盤となっています。礫は砂に比べて同じ地震の揺れに対して砂より液状化しにくいと考えられていますが、緑川とその支流の御船川沿岸地域でも多数の噴砂が見られました。砂礫地盤なのになぜ？　震源地近くで地震の揺れが強かったから？　と、釈然としませんでしたが、これまでの液状化調査の経験から、一つひらめいたことがありました。「砂利の採掘が行われていたのではないか？」。

一九七五年前後に国土地理院が撮影した空中写真を見る

写真 1-38　砂利を掘削中の池が点在することがわかる（点線の丸印の箇所）（国土地理院空中写真 1975 年 2 月 24 日撮影，CKU7422-C57-21 に加筆）

と、農地の至るところに穴があき、砂利を採掘している様子が写っていました（写真1-38）。この場所と噴砂発生地点はぴったりと一致しています。地元の話では、深さ一〇m前後まで掘削して砂利採掘が行われていたとのことです。住宅の基礎としては頑強な砂礫地盤も、掘削して池のようになった穴を砂で埋め戻せば、海岸の埋立地と同じです。新興住宅地にも液状化被害が発生しており、砂利採掘跡地である可能性が大です。掘削は民間の業者によって行われてきており、過去の掘削の記録は残されていないことが多いのです。空中写真も五年に一回程度しか撮影されないため、すべての砂利採掘跡地を探し当てることはできません。液状化に強い砂礫地盤にも思わぬ落とし穴があることがわかります。

1.5　海外でも液状化

液状化現象は、前にも述べたように、一九六四年の新潟地震で一躍有名になりましたが、実は新潟地震と時を同じくして、一九六四年三月に米国アラスカ州でも液状化被害を起こした「アラスカ地震」が発生していました。この地震は、海溝型巨大地震でモーメントマグニチュードM_W九・二という世界の地震観測史上二番目の規模の地震として知られています。

とくに注目されたのは、アンカレッジ市のターナゲンハイツという傾斜地にある住宅地で発生した地すべりで、奥行き一八〇〜三六〇m、間口二六〇〇mの土地が七五棟の住宅を乗せたまま約六〇〇mにわたって海中にすべり出しました。住人三〇人が逃げる間もなく亡くなったとのことです（Committee on the Alaska Earthquake of the Division of Earth Sciences, National Research Council, 1973）。この地すべりの原因は、シルト質粘土層に挟まれていた厚さ数mmから一〇cm程度の砂のレンズ状の薄層が液状化し、その上部の地層のすべりを誘発したと考えられています。

その後、海外でも各地で液状化被害が発生しました。主な地震を挙げると、一九七六年唐山地震（中国）、一九八九年ロマプリエタ地震（米国サンフランシスコ）、一九九〇年ルソン島地震（フィリピン）、一九九九年コジャエリ（イズミット）地震（トルコ）、一九九九年集集地震（台湾）、二〇一〇〜二〇一一年クライストチャーチ地震（ニュージーランド）などです。低地や埋立地が強い揺れを被れば、液状化が発生するのは海外でも同じで、液状化地震は枚挙にいとまがありません。中でも、専門家を驚愕させたのは、以下で紹介する二〇一〇年から二〇一一年にかけて発生した一連のクライストチャーチ地震による液状化被害です。

液状化に繰り返し襲われた町

ニュージーランド南島カンタベリー州では、二〇一〇年九月四日にモーメントマグニチュードM_W七・一のダーフィールド地震が発生し、ニュージーランド第三の都市クライストチャーチ市（人口三八万人）とその周辺地域に甚大な液状化被害が発生しました（写真1-39）。この地震の余震と見られる二〇一一年二月二二日（M_W六・二）、二〇一一年六月一三日（M_W六・〇）、二〇一一年一二月二三日（M_W五・九）の各地震で、再び液状化が起き、被害地域は、最終的には図1-17に示す約一四km四方の範囲に広がりました。本震で被害を受けた家屋の沈下が、余震の度にさらに進行していきました。

写真1-40は、クライストチャーチ市の中でも最も激しい液状化が起きた地区の一つであるベクスレイ地区における住宅の沈下の状況を示しています。本震で二〇cm基礎が沈下、二月の余震でさらに五五cm沈下、六月の余震では一五cm沈下してしまいました。これに対して、噴砂は積もる一方で、この地区では本震時に最大五〇cm、二月の余震で最大七〇cm、六月の余震で最大五〇cmも堆積しました（山田ほか、二〇一二）。

これらの一連の地震を総称してクライストチャーチ地震またはカンタベリー地震と呼んでいますが、二〇一一年二月二二日に発生した最大余震は、震源がクライストチャーチの中心部に近く、深さ五km

写真 1-39　クライストチャーチ地震による液状化（クライストチャーチ市ニューブライトン地区）（Mrs. Julie Kaban 撮影，防災システム研究所提供）

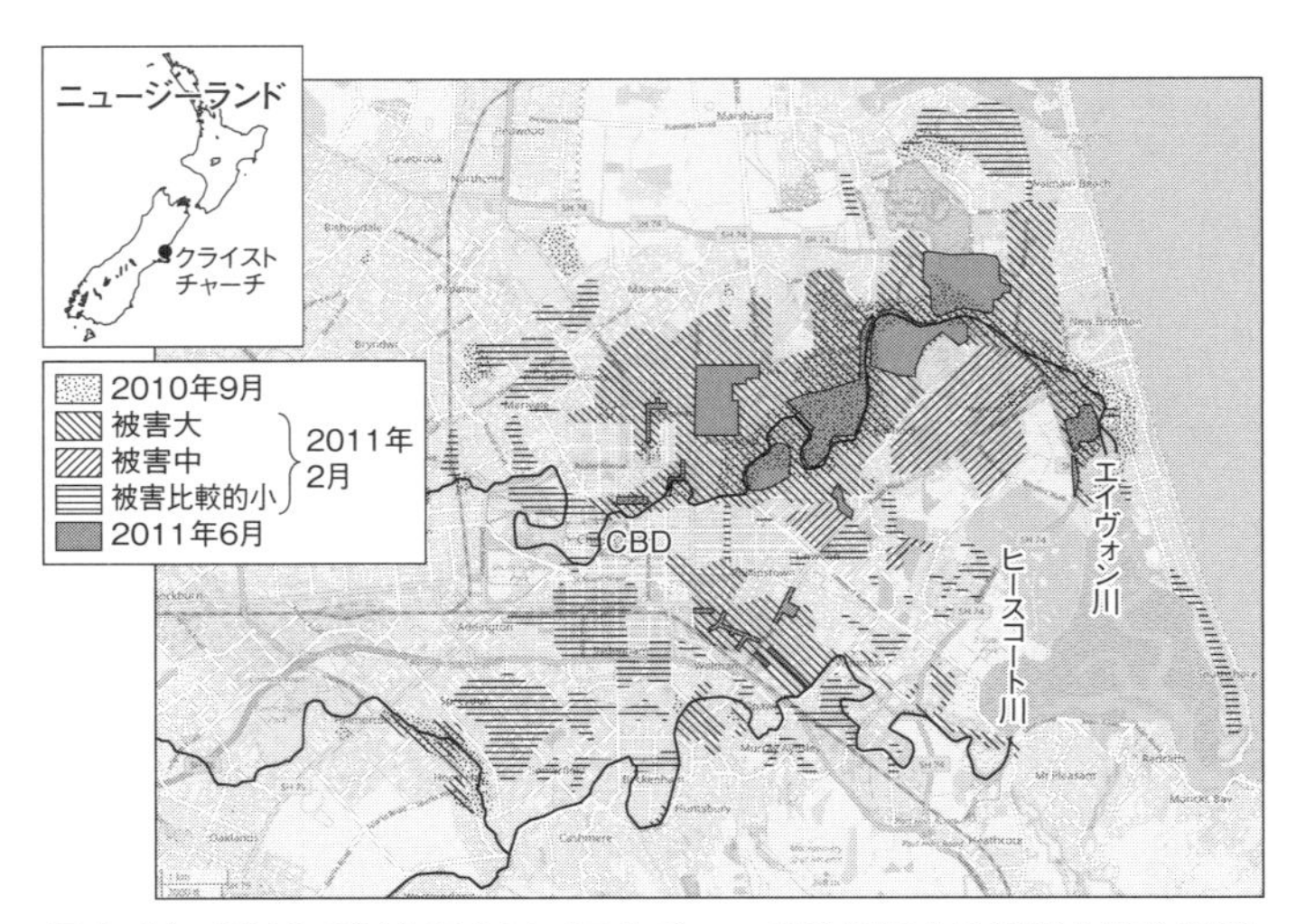

図 1-17　2010-2011 年クライストチャーチ地震による液状化発生地域
（Cubrinovski and Robinson, 2016 に基づき作成）

と浅かったために市の中心部は地震の揺れにより壊滅的被害を受けました。クライストチャーチを象徴する大聖堂が全壊したのをはじめとして、三〇〇〇棟のビルが倒壊しました。日本人の語学留学生二八人がビルの倒壊で死亡したことで、日本でもメディアに大きく取り上げられました。

街の中心部の建物が地震の揺れで倒壊したのと対照的に、街から少し離れた住宅地では著しい液状化現象が発生し、一連の地震で約六万棟の戸建住宅が被災しました。液状化が発生した地域は、市の北部と南部を、ともに西から東に向かって流れるエイヴォン川とヒースコート川に沿った地域に集中

写真 1-40　余震の度に進行する住宅の沈下（クライストチャーチ市ベクスレイ地区）
（Yamada *et al.*, 2011）

写真 1-41　クライストチャーチ市内を流れるエイヴォン川
（2015 年 11 月筆者撮影）

していました（図1-17）。この二つの川は、山岳地帯から流れてくるのではなく湧き水を水源とする川で、平らな土地を流れているため著しく蛇行していることが特徴です。液状化発生地域は埋立地ではなく、自然に堆積した地盤で河川の蛇行による氾濫土砂が堆積している地域であることは地形的特徴から明白です。

液状化により、噴砂だけでなく川に向かう側方流動が発生し、エイヴォン川に架かる多くの橋が川に押し出されてしまいました。川から二〇〇mも離れたところでも側方流動の影響が見られたとのことで、阪神・淡路大震災の際の神戸港における埋立地の側方流動と共通するところもありました。

写真1-41は、クライストチャーチ中心部を流れるエイヴォン川の様子です。川幅は二〇m足らずで河口近くでも五〇m程度です。湧き水を集めているため水が透明で、護岸には堤防もなく緑で覆われ、地震の前はどんなにか美しい町だったかと想像されます。

クライストチャーチのその後

筆者は、二〇一〇年九月の本震から五年余り経過した二〇一五年一一月にクライストチャーチを訪れました。復興は余り進んでおらず、大聖堂も倒壊した生々しい姿のままでした。中心街のビルが倒壊した地区は大部分空き地のままでした。ただ、町のあちこちに「Re: START（再出発）」の看板が目につき、市民の一丸となった復興への強い思いが感じられました。

さて、図1‐17で液状化被害が最も著しかった地域を訪れると、驚くことに住宅地は姿を消し、見渡す限りの草地になってしまっていました。ニュージーランド政府によると、約八〇〇〇軒の宅地が「復旧不能」で放棄されたとのことです。図1‐18は、エイヴォン川沿岸の本震の翌日と五年後のGoogle Earth画像を比較したものです。液状化被害が著しかった住宅地は、下の画像では草地になっていることがわかります。点々と見える樹木は、かつての庭に植えられていたものです。

日本では、市の約八五％近くが液状化した浦安市をはじめとして、液状化により壊滅的な被害を受けた町も、遅まきながらも元の町の姿を取り戻しつつあります。クライストチャーチでは、住民はどこに行ったのか、地元の技術者に尋ねてみました。皆、クライストチャーチを出て行ってしまった、オーストラリアに移住した人も少なくないとのことでした。ニュージーランド当局は、被害が甚大だった土地を地盤改良して復興し、住宅を再建することはきわめて困難と判断したようです。[13]地震保険に加入していた住宅に対しては、政府が地震前の地価で土地を買い上げたとのことです。加入してい

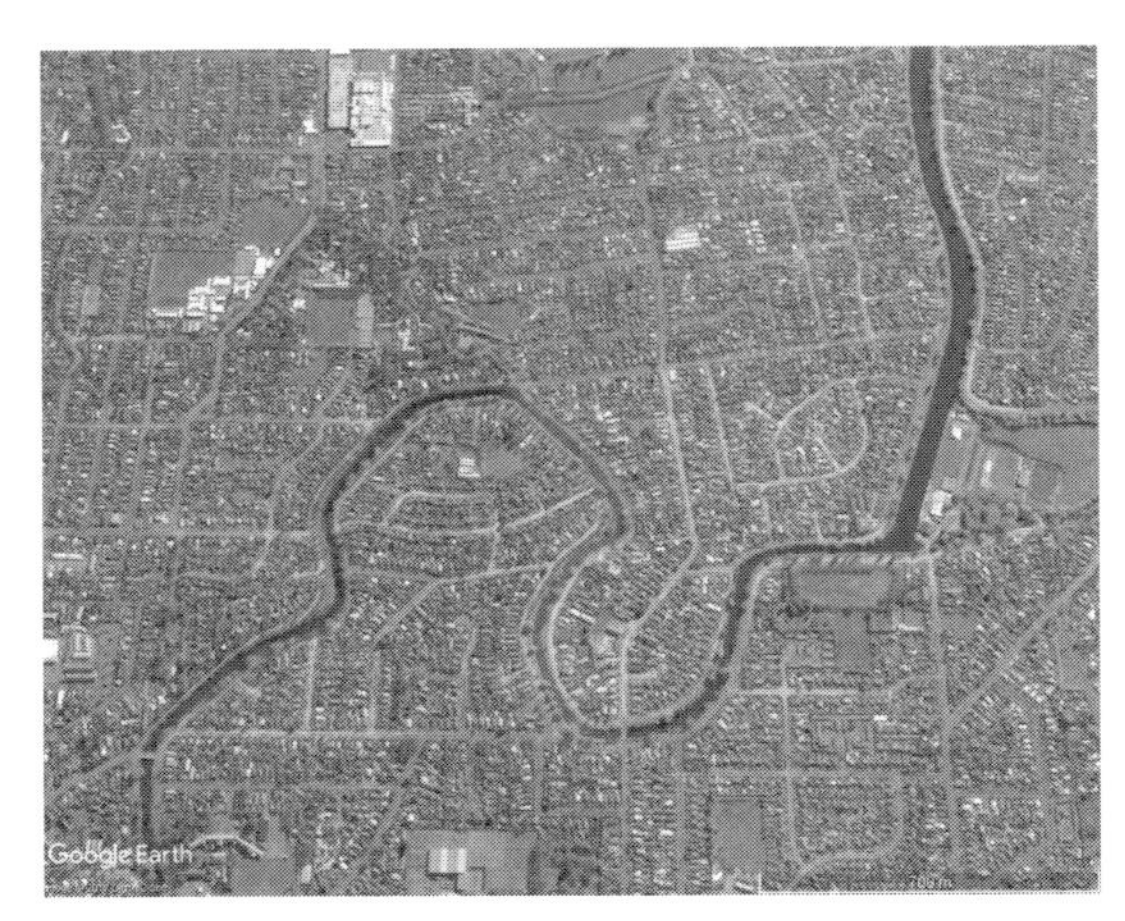

2010 年 9 月 5 日（本震の翌日）

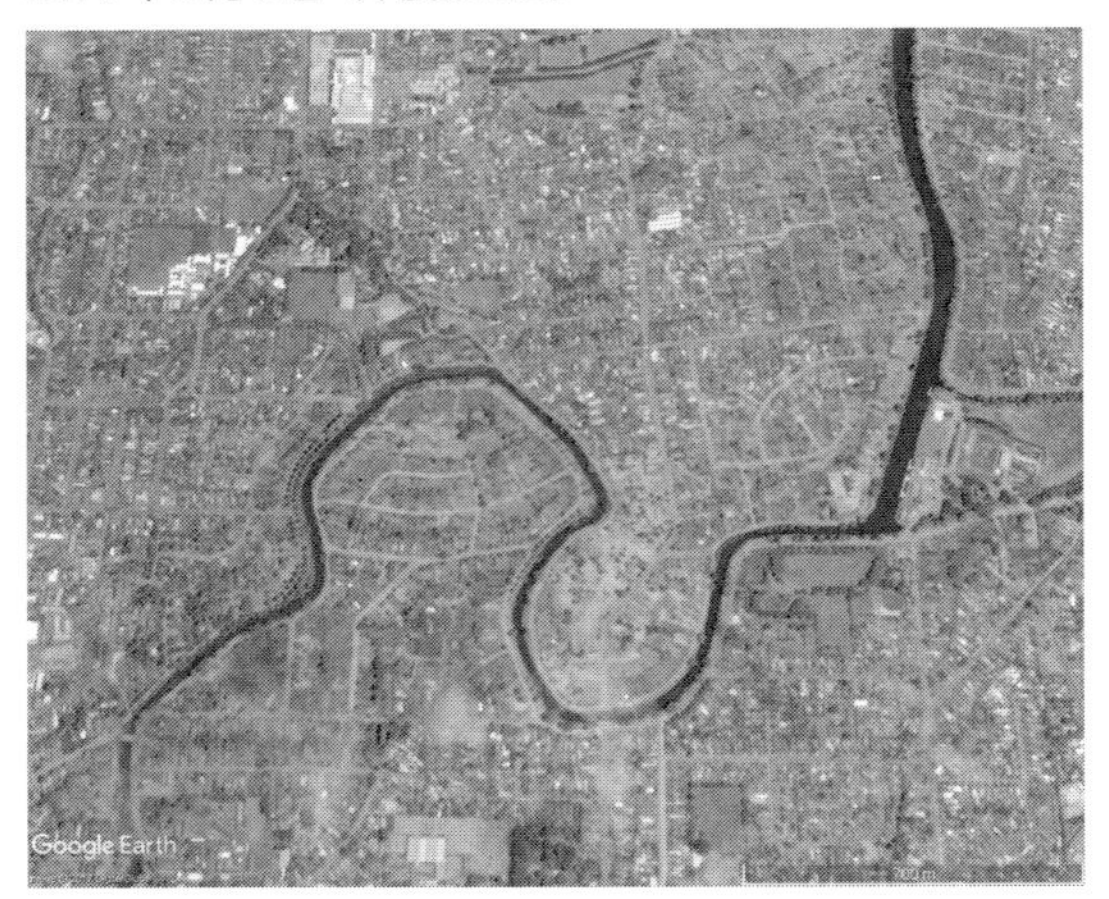

2015 年 11 月 1 日（地震 5 年後）

図 1-18　エイヴォン川沿岸の本震の翌日と 5 年後の Google Earth 画像．液状化被害が著しかった住宅地は，下の写真では草地になっている．

なかった住宅は、地価の全額は支払われず、また政府の申し出を拒否した人もいたそうです。

以上の日本の四大液状化地震と海外での液状化被害をかいつまんで紹介しましたが、液状化がひとたび起きると日常生活に及ぼす影響は多大にして、多種・多様です。液状化被害に遭わないための備えは、まず敵を知ることから。次章では液状化が起きるメカニズムや、液状化による被害を系統立て学んでみましょう。

［13］　ニュージーランドでは、地震委員会という公社が運営する保険制度で、地震を主とした自然災害を補償する保険（ＥＱカバーと呼ばれている）があります。二〇〇〇年当時で住宅所有者の九〇％がＥＱカバーを付帯しているとのことです（損害保険料率算出機構、二〇〇〇による）。

第2章——液状化現象とは何か

2.1 液状化現象とは？

液状化現象は、地震などで地盤が強く揺れた時に、地下水位が浅く（高く）締め固まっていない砂質地盤で起こる現象です。図2-1は、液状化前と後の地中の砂粒の状態を部分的に拡大した模式図です。図の①〜③は、砂粒の大きさや数、地盤全体の体積は変わらず、また砂粒の間のすきまは地下水で満たされているとします。

①は砂粒がかみ合って骨格構造を形成しており、物を支える力、すなわち支持力を発揮している状態です（地盤は固体）。ところが、地震の揺れのように地盤の内部にずれを生じさせるような力（「せん断力」と言います）が繰り返しかかると、砂粒間のかみ合わせが一時的に外れて、②のように地下水の中に砂の粒子が浮いた状態になり、支持力がなくなります。地盤が液体に変化したのです。この時、地下水が砂粒の代わりに液状化した地層より上の土や構造物の重さを受け持つため、間隙水圧（粒子の間にある地下水の水圧）が高くなります。高まった間隙水圧は地表に向かって抜けようとし

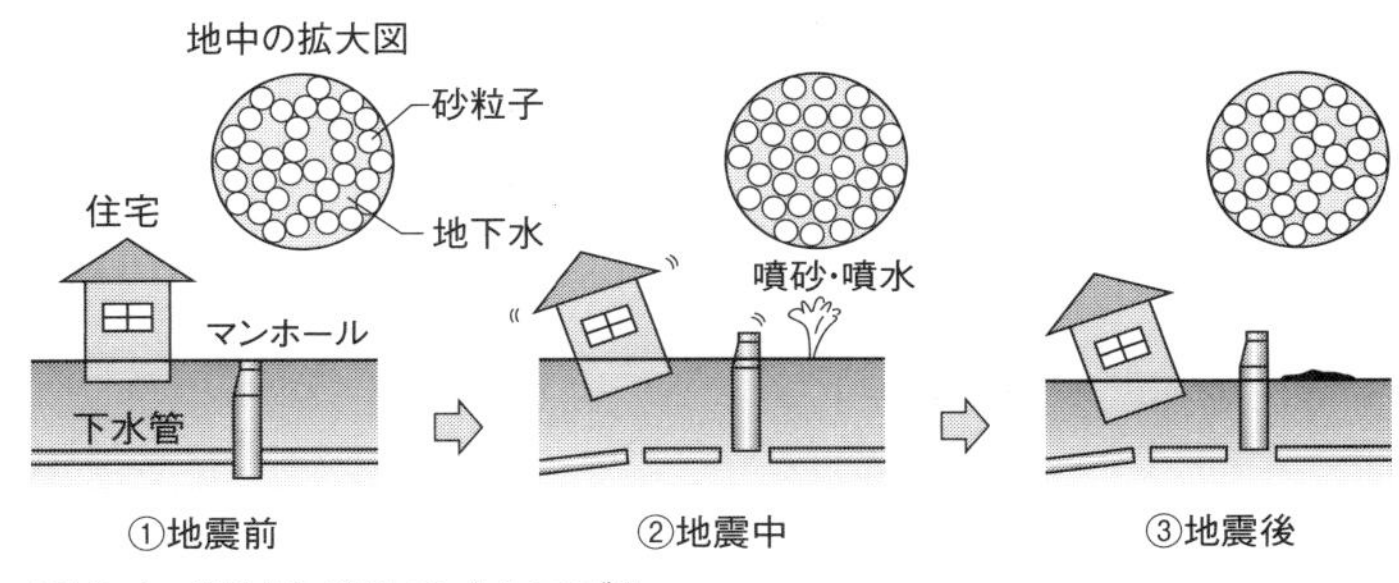

図2-1　液状化発生のメカニズム

て、地盤の弱いところを通って砂を含んだ地下水が噴き上がります。地震後、周辺の水が排出されると、水中に漂っていた砂粒は図2-1の③のように沈降し、徐々に新しい骨格が形成され、再び固体となって支持力を発揮するようになります。

液状化現象とは「地震の時に地面から砂と水を噴き出す現象」という説明を時々見かけますが、砂や地下水の噴出は液状化の結果として起こる現象です。「水混じりの固体（地盤）が、地震の揺れによって砂混じりの液体に一時的に変化する」現象であり、地盤が液状化している間は、構造物や、時には人の重さすら支えることができません。

2.2　液状化が発生する条件

液状化は、次の三つの条件が揃った地盤で起こります。

(1)　地下水位が浅い（高い）。
(2)　地下水位より下に緩い（締め固まっていない）砂を多く含む地層がある。
(3)　地震の揺れが強い。

右記の(1)と(2)は、地盤の液状化に対する抵抗力に関係します。地下水位が浅く、緩い砂層が地下の浅い部分に厚く堆積しているほど、表層地盤は液状化に対して脆弱と言えます。これに対して、地震の揺れは地盤を液状化させようとする力です。地盤の液状化抵抗力と地震力が綱引きをして、地震力が勝てば液状化する結果になります。

このため、上記(1)〜(3)について、地下水位〇m以浅とか、震度〇以上などのように、液状化が発生する条件をはっきりした数値で示すことができません。筆者が過去の事例を調べた結果では、地下水位が地表面から一m以内は「非常に浅い」部類に入り、緩い砂層が地表近くにあれば最も液状化しやすい地盤と言えます。地下水位三m程度でも液状化被害が発生したケースがありますが、四m以上深い場合で住宅に液状化被害が起きたケースには、筆者自身は出会ったことがありません。ただし、地下水位は降雨や季節により一m以上変動があることに注意を要します。

具体的に、(1)地下水位が浅く、(2)緩い砂地盤の場所とはどんな土地かは**第3章**でくわしく紹介しますが、埋立地や平野の旧河道・旧池沼、海岸砂丘の裾の低地などで、この条件に当てはまる地盤が多くなっています。

一方、地震の揺れの強さですが、現行の一〇階級の気象庁震度階級になった一九九六年以降に液状化した地震を見ると、震度五強で右記の(1)と(2)の条件が揃った一部の地域で液状化が起こっています。例外的に震度五弱の地域でも液状化が起きた事例はありますが、震度はある程度の広い地域を代表する値のため、そこが本当に震度五弱で液状化したのか、あるいは実質的には震度五強以上の揺れがあ

写真 2-1　直径 30 cm の噴砂孔から砂に混じって噴出した直径約 15 cm の礫（2016 年熊本地震，熊本県御船町陣）（筆者撮影）

ったのか、定かではありません。

2.3　液状化しやすい土

液状化しやすい土とは、乾いた時に粒子がばらばらになる砂を多く含む土です。砂は粒径が〇・〇七五～二㎜ですが、それより粒径の小さい粘土（〇・〇〇五㎜以下）は粘着力という力で粒子がお互いにくっつき合っているため、地下水面以下でも地震の揺れで粒子がばらばらにならず液状化することはありません。両者の中間の土であるシルト（粒径〇・〇〇五～〇・〇七五㎜）は、一般的には液状化しにくい土ですが、粘性が弱い（塑性的な性質の強い）シルト地盤では、液状化した実績があります。

一方、砂より粒径が大きい礫・砂利（二～七五㎜）は、高まった水圧が抜けやすいため、同じ地震の揺れに対して砂より液状化しにくいと考えられています。

ただし、二〇一一年の東日本大震災や二〇一六年熊本地震では、直径が一〇cm以上もある大きな礫の噴出も見られました（写真2-1）。礫混じり地盤と一口に言っても、礫と礫の間に詰まっている砂の締まり具合はまちまちです。礫混じりの地盤が絶対に液状化しないとは言えないのです。

2.4 液状化によって起きる被害

液状化によって起きる被害については第1章でも紹介しましたが、以下では、その被害を種類別に解説します。

噴砂・噴水

液状化現象が起きたことの一番の証拠は、噴砂・噴水です。建物の沈下、地面の陥没、地割れは液状化以外が原因でも起こりますが、噴砂・噴水は液状化現象の様相の典型と言えるものです。砂や水が噴き上がる高さは、数cmから、時には電柱の高さぐらいまで及ぶこともあります。地下水は、地表に穴を開けて噴き上がることもあれば、地割れから噴き出すこともあります。

図2-2は、一八五四年（安政元年）一二月二三日の安政東海の地震の被害の様子を生々しく伝える『安政見聞録』（木版刷り和本）の挿絵の一枚です。図には、「駿河の国大地震により泥水を吹き出でし図」と付されています。これはまさに液状化現象による噴砂・噴水を描いたものです。地面から

図 2-2　『安政見聞録』に描かれた噴砂・噴水の様子

写真 2-2　噴砂の中に埋まった車（2011 年東日本大震災，浦安市舞浜 3 丁目）（エイト日本技術開発，2011）

噴き出した地下水に驚いて逃げまどう人々の様子はユーモラスにさえ見えますが、現在の静岡県にこのような現象が起こったら笑い話では済みません。

第1章でも紹介したように、噴き出した地下水によって周辺が洪水のようになることもあります。また、噴砂・噴水がおさまった後、地盤が沈下するだけでなく、変形して波打ったようになったまま固まってしまうこともあります。最近までは、噴砂・噴水の大部分は、浸水・冠水被害にとどまっていましたが、二〇一一年の東日本大震災では、自転車や自動車が大量の噴砂に埋もれ、スコップで大がかりに掘り上げないと脱出できない光景もあちこちで見られました（写真2-2）。

建物などの構造物の沈下・傾斜

地盤が液状化すると、**第1章**の被害例でのべたように、さまざまな構造物に影響が現れます。地盤が液体になり支持力が低下・喪失するため、建物・橋梁・タンクなど重いものは沈み込み傾きます。墓地が沈下している光景もよく見られます。写真2-3は、一九六四年の新潟地震の時に沈下した墓石です。新潟市中央区西堀通の寺々には、このように沈下したり傾いたりしている無縁仏の墓石がいまだに数多く残されています。

液状化による建物の沈下・傾斜の程度は、地盤の液状化の程度や基礎の構造に大きく左右されます。液状化した地層が浅く、厚いほど、被害の度合いは大きくなります。また、建物の形状の影響を受け、建物自体の重さが偏っている場合は、重い方が大きく沈下するため傾斜量が大きくなることもありま

写真2-3　1964年の新潟地震で沈下し地中に潜り込んだ墓石（写真手前）．地震から50年以上を経た現在でもそのままになっている（新潟市中央区西堀通）（2010年に筆者撮影）

す。液状化の発生が懸念される地盤や軟弱地盤で構造物を建設する場合は、形が正方形に近く、左右対称で建物の重心に偏りがないシンプルなプランが有利です。基礎構造の影響については、**第7章**でくわしく述べます。

地中構造物の浮き上がり

液状化すると、地盤が一時的に泥水となるため、地中に埋設されたマンホールやガソリンスタンドの地下タンクのように、泥水より見かけの比重の軽い中空の構造物は浮き上がります。通常、地下水位以下の構造物は水の浮力を受けています。浮力は体積×液体の密

写真 2-4　1.3 m 浮き上がったマンホール．現在も保存されている（1993 年釧路沖地震，北海道釧路町）（筆者撮影）

写真 2-5　災害用貯水槽の浮き上がり（2011 年東日本大震災，浦安市高洲）（小松美加氏撮影）

度に比例しますが、地盤が液状化すると比重一・八程度（水の密度の一・八倍）の液体となるため、液状化前の一・八倍の浮力がかかることになります。

マンホールを例に取ると、コンクリートの比重は二・三程度ですが、内部が空洞だと見かけの比重は半分以下になることがあります。このため、比重一・八程度の液状化地盤では浮き上がってしまうのです。東日本大震災では、地表に二m近く飛び出したマンホールがありました。一般的なマンホールの深さは五m程度ですから、地中部の四〇％が地表に突出したことになります。

写真2-4は、下水のマンホールの浮き上がりが多数見られ問題になった一九九三年釧路沖地震によるマンホールの浮き上がりです。このようにマンホールが浮き上がると、地下の下水管がマンホールとの接合部で破断するため、下水は流せなくなります。また、マンホールの設置場所によっては、道路の通行の大きな障害になることがあります。

マンホールの浮き上がりは、二〇〇三年十勝沖地震、二〇〇四年新潟県中越地震でも多数見られましたが、二〇一一年の東日本大震災では東北地方と関東地方の各地で起きました。写真2-5は、下水のマンホールではなく、災害用貯水槽の被害状況を示しています。貯水槽のマンホールは約一m浮き上がり、災害用に備蓄された一〇〇㎥、一万人の三日間相当の飲料水は供給できませんでした。

土構造物の沈下・すべり・流出

河川堤防などの土でできた構造物の下部で液状化が発生すると、堤防に沈下、すべり、流出などを

写真 2-6　阿武隈川堤防の被害．高さ 5.7 m の右岸堤防の天端が約 800 m にわたって最大 2 m 沈下・崩壊（2011 年東日本大震災，宮城県角田市枝野）（土木研究所撮影）

生じます。

第1章で紹介したように、一九九五年の阪神・淡路大震災で淀川の堤防が液状化によって沈下・流失したのをはじめとして、大きな地震の度に液状化による堤防被害が発生しています。

とくに二〇一一年の東日本大震災の時の堤防被害は、広範かつ甚大でした。写真2-6は、宮城県角田市の阿武隈川堤防の延長八〇〇mに及ぶ沈下・崩壊の様子です。沈下量は最大二mに達しました。写真中央の人と比べると崩壊の規模がわかります。

護岸・擁壁のはらみ出し、すべり出しと背後地盤の沈下

擁壁や護岸などの背後地盤や基礎地盤が液状化すると、護岸や擁壁がはらみ出したり、前傾したりして、その背後が沈下します。写真2-

写真 2-7　造成盛土の液状化による擁壁の倒壊（2011 年東日本大震災，白河市老久保）（成井信氏撮影）

7は宅地の盛土擁壁の被害です。擁壁が前傾し、継ぎ目から液状化した土が押し出されています。

写真2-8は、東日本大震災の時に仙台市泉区松森陣ケ原で起きた被害です。ここは、丘陵地帯を造成した新興住宅地で、造成前に谷や湿地だったところを公園にして、住宅地は公園より一段高いところに盛土造成して住宅が建ち並んでいました。しかし、宅地を支える擁壁の基礎地盤が液状化したために、擁壁が湿地側に動いて宅地も湿地側に引っ張られ、写真2-8に示すような大きな地割れができ、写真2-9(a)の住宅群が被害を受けました。写真2-9(b)は地震一年後に(a)と同じ場所から撮影された写真ですが、ほとんどの家屋は修復されず取り壊されています。

側方流動

第1章でも述べたように、液状化して液体にな

写真 2-8　台地の造成地の液状化被害，写真右手が湿地（仙台市泉区松森陣ケ原，2011 年東日本大震災）（佐藤真吾氏撮影）

(a) 2011 年東日本大震災直後（手前の湿地に面した擁壁が動いた）

(b) 2011 年東日本大震災の 1 年後（家屋の多くは撤去されている）

写真 2-9　仙台市泉区松森陣ケ原の被害状況（仙台市，2012）

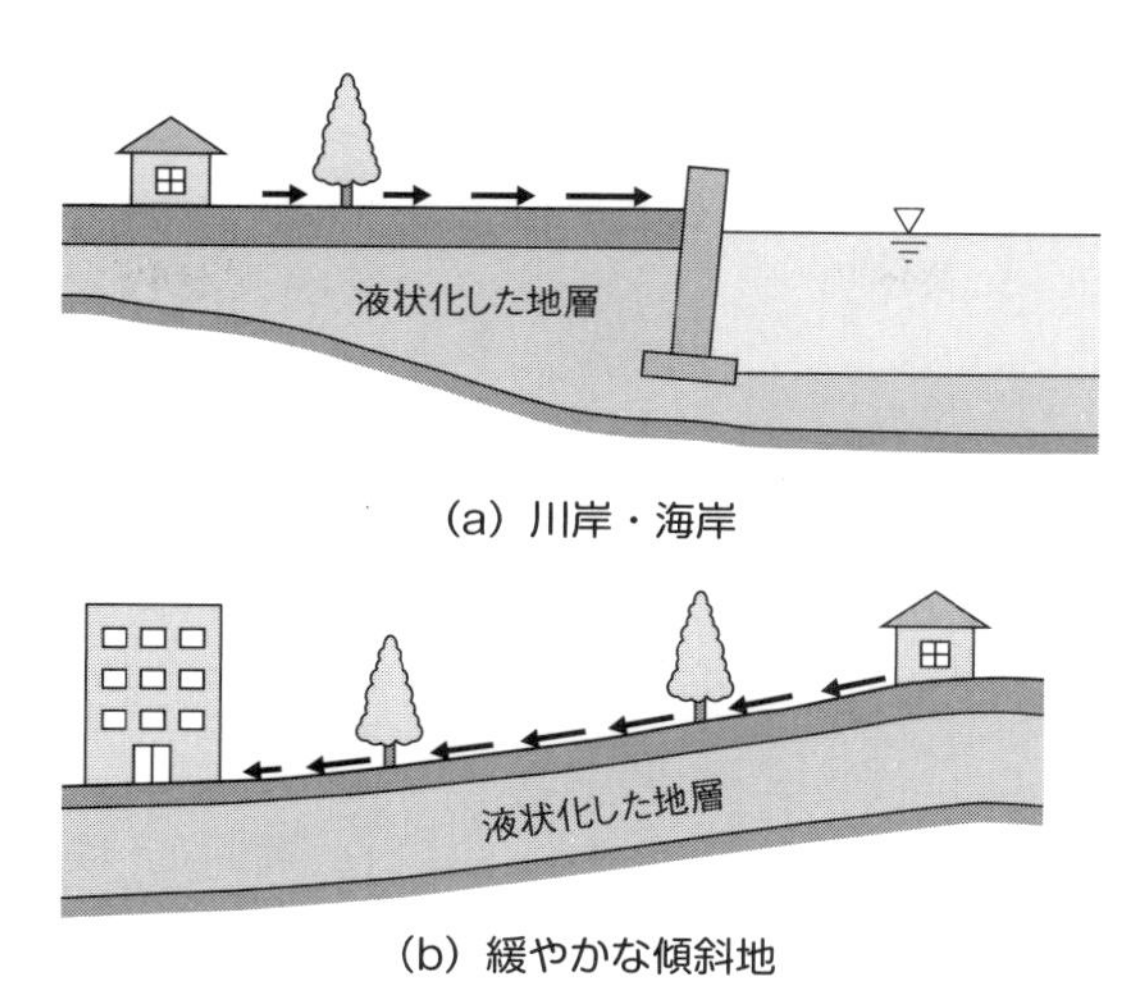

図 2-3　側方流動のタイプ

った地盤が、地層の傾斜や護岸の倒壊により横方向に移動する現象を側方流動[1]と呼んでいます。側方流動には、大別して二つのタイプがあります（図２-３）。

一つは、海や川の護岸近くで見られるタイプで、基礎地盤の液状化や地震の揺れで護岸が倒壊したり移動したりすることにより、背後地盤の押さえが緩み、海や川に向かって液状化層が流れ出していく現象です（図２-３(a)）。

もう一つは、緩やかに傾斜した土地が広範囲に液状化すると、液状化した地層とそれに載った表層が高い方から低い方に向かって動き出す現象で、移動量が数ｍに及ぶこともあります（図２-３(b)）。

［１］　専門書では、「液状化に伴う地盤の流動」とか「永久変位」と呼ばれることもあります。本書では「側方流動」が一般に普及していること、建築基礎構造設計指針（日本建築学会、二〇〇一）でもこの言葉が用いられていることから側方流動と記します。

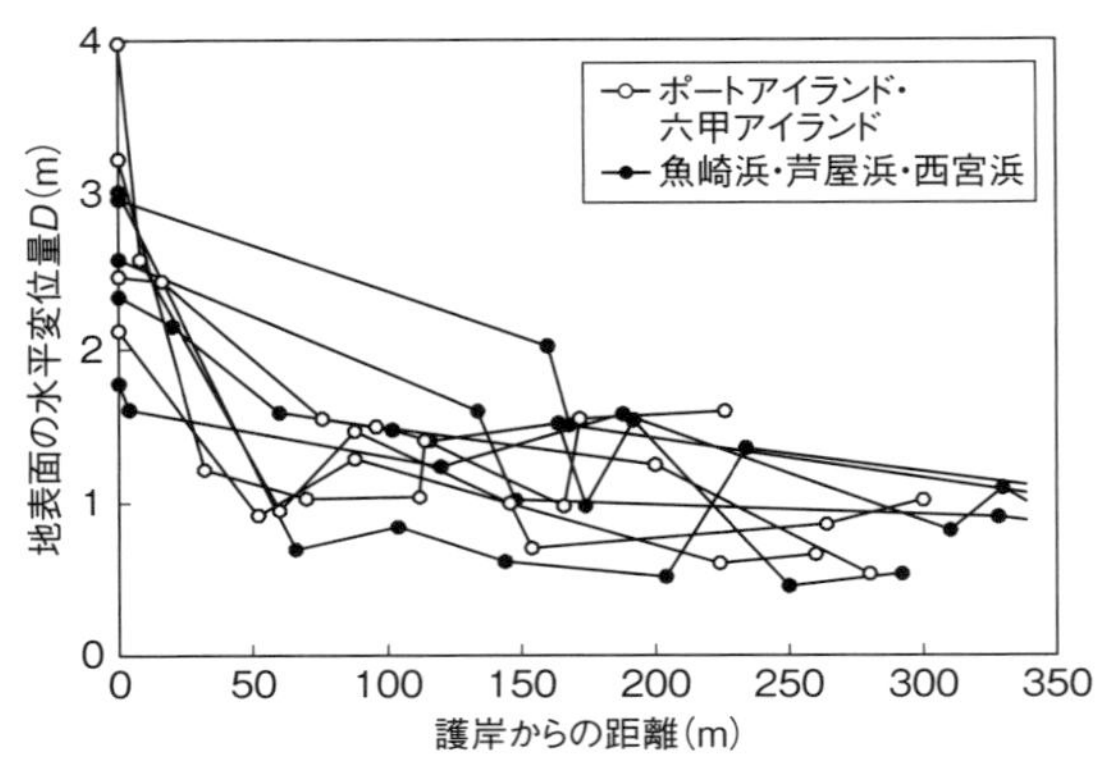

図 2-4　1995 年阪神・淡路大震災における護岸からの距離と側方流動量（濱田・若松，1998）

図2−3(a)のタイプの被害は、一九六四年の新潟地震や一九九五年の阪神・淡路大震災で多く起こったことは、**第1章**で紹介したとおりです。図2−4は、横軸が護岸からの距離、縦軸が側方流動量（移動量）を示していますが、側方流動による地盤移動は、護岸から二〇〇m以上も内陸に及び、場所によっては三〇〇mを超えるケースもありました。この場合、護岸の移動量は、最大で四mにもなり、このために護岸の背後に大きな陥没を生じたり、護岸近くに建つ倉庫が地盤の移動で引っ張られ、倉庫が真っ二つに引き裂かれるといった被害も発生しました（写真2−10、写真2−11）。

二〇一一年東日本大震災でも側方流動は発生しました。写真2−12は、利根川沿岸の稲敷市西代の被害です。写真の右手五五m先には、横利根川という川幅三〇m余りの川が流れています。地盤が川の方向に引っ張られたことにより、地割れができ、店舗の基礎が大きく引き裂かれてしまいました。

写真 2-10　側方流動により海中にすべり出した倉庫（1995 年阪神・淡路大震災，神戸市兵庫突堤）（筆者撮影）

写真 2-11　側方流動により引き裂かれた倉庫（1995 年阪神・淡路大震災，神戸市兵庫突堤）（筆者撮影）

写真 2-12　側方流動により基礎が引き裂かれた店舗（2011 年東日本大震災，稲敷市西代）（稲敷市撮影）

写真 2-13　側方流動により引きずられた家屋と塀（1983 年日本海中部地震，能代市河戸川）（武田正廣氏撮影）

写真2-14　道路に埋め込まれていたガス管の変形．液状化した地盤が水平方向に移動したことによって押し上げられた（1964年新潟地震，新潟市東区船江町）（小柳武夫氏撮影）

図2-3(b)のタイプの顕著な被害は、一九八三年の日本海中部地震で多く発生しました。秋田県能代市郊外の前山という小高い砂丘の頂上から麓に向かって、放射状に全長三〇〇〜五〇〇mの側方流動が発生し、地盤が最大五mも移動しました。この地盤の移動によって、建物の基礎が地盤に引っ張られて傾いたり、基礎が土台から外れたり、破断したりして上屋が大きく変形しました（写真2-13）。また、ガス・水道などの埋設管が多数被害を受けました。この前山は、地震当時は勾配一%前後の緩やかな傾斜地でした（浜田ほか、一九八六）。

緩傾斜地の側方流動は、一九六四年の新潟地震でも起きました。写真1-9で紹介したビルの杭の被害もその一つです。写真2-14は新潟地震の時の側方流動によると考えられている天然ガス管の被害です。地盤の動きが大きいところと小さいところの変わり目では、このように埋設管が押し上げられてしまうこともあります。以上のような緩傾斜地の側方流動は、地面の勾配が〇・五～二・五％のわずかな高低差でも起こり、いろいろな構造物に影響を及ぼします。

ライフラインの被害

ライフラインとは、元々は英語で「命綱」という意味ですが、これが転じて水道、電気、ガスなど生活に欠かせない施設・設備のことを指しています。交通施設、通信・情報施設などもライフラインに入ります。このうち、地下に埋設されている上下水道、ガス管などは、液状化による地盤変動の影響をとくに受けやすく、また広域にわたったネットワークになっているため、離れた場所の液状化被害の影響を受けてライフラインが止まることもあります。

沈下しなかった杭基礎の建物でも、建物の沈下量と宅地地盤の沈下量に差が生じると、その部分で配管類が破断することがよくあります。先に述べたように、下水の排水管はマンホールが浮き上がると、マンホールと排水管の接合部が破断し、排水機能を果たせなくなります。また、排水管は自然流下のため、地盤沈下の影響を受けて排水管の勾配が小さくなったり、逆勾配になっても排水できなくなります。

また、屋外に設置された浄化槽、エアコンの室外機、燃料タンク、給湯器などに被害を受け、使えなくなることがあります。

東日本大震災の時、液状化被害が甚大だった浦安市では、市全域の完全復旧までに、上水道が二五

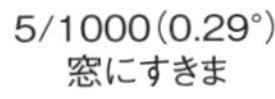

図 2-5　建物の傾きによる健康障害（日本建築学会住まい・まちづくり支援建築会議復旧・復興支援 WG，2015）

日間、下水道が三四日間、ガスが一八日間を要しました。

建物の傾きによる健康障害・生活上の被害

これまでは、構造物の被害について述べてきましたが、液状化で斜めに傾いた家に住み続けると、めまい・吐き気・頭痛などの健康障害が生じることがあります（図2-5）。個人差がありますが、床の傾斜角が一／一〇〇（〇・六度）程度に達すると、ほとんどの人に健康障害を生じて、建物の水平復元工事を行わざるを得なくなります。沈下量、修復工法、補強の要否、建物の規模・構造、敷地や地盤の条件にもよりますが、戸建て住宅の沈下・傾斜の修復には、二〇〇万～一〇〇〇万円程度の費用と一～六週間程度の工期が必要です。また、修復工法の選定や設計のために、地盤調査が必要となることもあります。

2.5　過去に液状化をもたらした地震

第1章では、液状化による被害がとくに大きかった国内の四つの地震を紹介しましたが、ここで、日本における液状化被害の歴史をさかのぼってみましょう。一九六四年の新潟地震を契機にそれ以前の震災資料を調べてみると、液状化現象は、「砂や水を噴き出す」などという言葉で記述されていたことがわかってきました。

日本には、古くから地震に関する多くの記録が残されています。これまでに確認されている最も古い記録は、西暦四一六年八月二三日の地震で、『日本書紀』に、「雄朝津間稚子宿禰天皇五年秋七月丙子朔巳丑、地震（チフルウ）」とあります。筆者は、これらの古文書の記録までさかのぼって、液状化現象と思われる記録を集めてきました。調べた地震の数は、前述の四一六年の地震から二〇〇八年までの約一六〇〇年間に起きた一〇〇〇地震以上に及んでいます。この中で液状化と考えられる現象が確認された地震の数は一五〇地震です[2]。

たとえば、元禄七年（一六九四年）五月二七日の秋田県と青森県を襲った地震では、「地かたまらず、浮き橋を渡る様にて、強く踏は奈落へ落ぬべき心地す。所により水湧出、地下りしも有、川も沈て浅くなり、十日余りは向へ歩行越にもしけり（後略）」（元禄地震の記）などの記録があり、液状化で地盤が緩んだ様子がよく見てとれます。

古文書や文献中の地震被害の記述は、地震当時の人々の生活圏に限られているため、前述の一五〇地震で見つかった液状化と考えられる記録は、氷山の一角と推測されますが、わかっただけで約一五％の地震で液状化が起きているということは、かなり高い割合と言えます。

前記の一五〇地震に加えて、二〇〇八年以降に液状化をもたらした四地震も追加して、液状化を生じた記録がある地震の一覧表を表2-1に示します。一九八三年以降の地震は、筆者が実際に現地調査を行っています。表2-1で液状化が発生した地点を、図2-6に示します。液状化発生地点が密集している地域は、一般に平野、盆地と呼ばれている標高が低く、新しい地層からなる低地が広がっている地域です。

テレビなどの地震速報で、「地震の規模を表すマグニチュードは六・五」というような報道を耳にしますが、液状化を生じた地震のうち、マグニチュードが最も小さいものは、一八九七年の長野県北部を震源とする地震と、一九二七年の関原地震で、ともにマグニチュードは五・二です。このように地震の規模が小さくても、震源の深さが浅い場合は、震源直上の地域で液状化が発生することもあります。

マグニチュードが最も大きい地震は、二〇一一年三月一一日の東北地方太平洋沖地震のモーメントマグニチュード九・〇です。次いで大きい地震は、一七〇七年一〇月二八日の宝永地震のマグニチュード八・六です。この地震は南海トラフ沿いのプレート間がずれ動いたことによると考えられている地震ですが、三〇〇年以上前に発生した地震のため、噴砂・噴水の記録の数はごくわずかです。しか

［2］　これらの地震によって液状化が発生したと見られる場所は合計一万六六八八地点あり、拙著『日本の液状化履歴マップ七四五—二〇〇八』（東京大学出版会、二〇一一）のＤＶＤの中にすべて収録されています。解説や液状化発生地点のリストとともに、全部で三七一面の五万分の一地形図上にプロットされており、検索も容易になっています。

表 2-1　液状化を生じた記録のある地震（745〜2016 年）（若松，2011 に加筆）

No.	発生年月日	和暦	M^{*1}	地震名^{*2}	被害地域・震央地名
1	745年6月5日	天平17年	≒7.9		美濃
2	850年(月日不詳)	嘉祥3年	≒7.0		出羽
3	863年7月10日	貞観5年			越中・越後
4	1185年8月13日	元暦2年	≒7.4		近江・山城・大和
5	1257年10月9日	正嘉元年	7.0〜7.5		関東南部
6	1449年5月13日	文安6年	5¾〜6.5		山城・大和
7	1498年7月9日	明応7年	7.0〜7.5		日向灘
8	1586年1月18日	天正13年	7.8±0.1		畿内・東海・東山・北陸諸道
9	1596年9月1日	文禄5年	7.0±¼		豊後
10	1596年9月5日	文禄5年	7½±¼		畿内および近隣
11	1605年2月3日	慶長9年	7.9	慶長地震	東海・南海・西海諸道
12	1633年3月1日	寛永10年	7.0±¼		相模・駿河・伊豆
13	1644年10月18日	寛永21年	6.5±¼		羽後本荘
14	1662年6月16日	寛文2年	7¼〜7.6		山城・大和・河内・和泉・摂津・丹後・若狭・近江・美濃・伊勢・駿河・三河・信濃
15	1666年2月1日	寛文5年	≒6¾		越後西部
16	1685年10月7日	貞享2年			周防・長門
17	1694年6月19日	元禄7年	7.0		能代地方
18	1694年12月12日	元禄7年			丹後
19	1703年12月31日	元禄16年	7.9〜8.2	元禄地震	江戸・関東諸国
20	1704年5月27日	宝永元年	7.0±¼		羽後・津軽
21	1707年10月28日	宝永4年	8.6	宝永地震	五畿七道
22	1717年5月13日	享保2年	≒7.5		仙台・花巻
23	1717年(月日不詳)	享保2年	≒6¼		金沢・小松
24	1723年12月19日	享保8年	6.5±¼		肥後・豊後・筑後
25	1729年3月8日	享保14年			伊豆
26	1734年(月日不詳)	享保19年			岡山県御津郡
27	1738年1月3日	元文2年	≒5½		中魚沼郡
28	1751年3月26日	寛延4年	5.5〜6.0		京都
29	1751年5月21日	寛延4年	7.0〜7.4		越後
30	1762年10月31日	宝暦12年	≒7.0		佐渡
31	1766年3月8日	明和3年	7¼±¼		津軽
32	1769年8月29日	明和6年	7¾±¼		日向・豊後

No.	発生年月日	和暦	M *1	地震名*2	被害地域・震央地名
33	1774年6月11日	安永3年			陸中
34	1782年8月23日	天明2年	≒7.0		相模・武蔵・甲斐
35	1792年5月21日	寛政4年	6.4±0.2		雲仙岳
36	1793年2月8日	寛政4年	6.9〜7.1		西津軽
37	1799年6月29日	寛政11年	6.0±¼		加賀
38	1802年11月18日	享和2年	6.5〜7.0		畿内・名古屋
39	1804年7月10日	文化元年	7.0±0.1	象潟地震	羽前・羽後
40	1810年9月25日	文化7年	6.5±¼		羽後
41	1819年8月2日	文政2年	7¼±¼		伊勢・美濃・近江
42	1828年12月18日	文政11年	6.9		越後
43	1830年8月19日	文政13年	6.5±0.2		京都および隣国
44	1831年11月13日	天保2年			会津
45	1833年12月7日	天保4年	7½±¼		羽前・羽後・越後・佐渡
46	1834年2月9日	天保5年	≒6.4		石狩
47	1841年4月22日	天保12年	≒6¼		駿河
48	1843年4月25日	天保14年	≒7.5		釧路・根室
49	1847年5月8日	弘化4年	7.4	善光寺地震	信濃北部および越後西部
50	1847年5月13日	弘化4年	6½±¼		越後頸城郡
51	1854年7月9日	嘉永7年	7¼±¼		伊賀・伊勢・大和および隣国
52	1854年12月23日	嘉永7年	8.4	安政東海地震	東海・東山・南海諸道
53	1854年12月24日	嘉永7年	8.4	安政南海地震	畿内・東海・東山・北陸・南海・山陰・山陽道
54	1855年3月15日	安政2年			遠州・駿州
55	1855年11月7日	安政2年	7.0〜7.5		遠州灘
56	1855年11月11日	安政2年	7.0〜7.1	江戸地震	江戸および付近
57	1856年8月23日	安政3年	≒7.5		日高・胆振・渡島・津軽・南部
58	1858年4月9日	安政5年	7.0〜7.1	飛越地震	飛騨・越中・加賀・越前
59	1859年1月5日	安政5年	6.2±0.2		石見
60	1872年3月14日	明治5年	7.1±0.2	浜田地震	石見・出雲
61	1887年7月22日	明治20年	5.7		新潟県古志郡
62	1889年7月28日	明治22年	6.3		熊本
63	1890年1月7日	明治23年	6.2		犀川流域
64	1891年10月28日	明治24年	8.0	濃尾地震	愛知県・岐阜県

No.	発生年月日	和暦	M[*1]	地震名[*2]	被害地域・震央地名
65	1892年1月3日	明治25年	5.5	(濃尾地震余震)	愛知県春日井郡
66	1892年9月7日	明治25年	6.1	(濃尾地震余震)	岐阜県山県郡
67	1893年9月7日	明治26年	5.3		知覧
68	1894年1月10日	明治27年	6.3	(濃尾地震余震)	岐阜県安八郡・愛知県葉栗郡・丹羽郡
69	1894年6月20日	明治27年	7.0		東京湾北部
70	1894年10月22日	明治27年	7.0	庄内地震	庄内平野
71	1895年1月18日	明治28年	7.2		霞ヶ浦付近
72	1896年8月31日	明治29年	7.2±0.2	陸羽地震	秋田・岩手県境
73	1897年1月17日	明治30年	5.2		長野県北部
74	1897年2月20日	明治30年	7.4		仙台沖
75	1898年4月3日	明治31年	6.2		山口県見島
76	1898年4月23日	明治31年	7.2		宮城県沖
77	1898年5月26日	明治31年	6.1		新潟県六日町付近
78	1898年8月10日	明治31年	6.0		福岡市付近
79	1898年9月1日	明治31年	7		八重山群島
80	1899年3月7日	明治32年	7.0		紀伊半島南東部
81	1901年8月9日	明治34年	7.2		青森県東方沖
82	1904年5月8日	明治37年	6.1		新潟県六日町付近
83	1905年6月2日	明治38年	7.2	芸予地震	安芸灘
84	1909年8月14日	明治42年	6.8	江濃(姉川)地震	滋賀県姉川付近
85	1914年3月15日	大正3年	7.1	秋田仙北地震	秋田県仙北郡
86	1922年12月8日	大正11年	6.9		千々石湾
87	1923年9月1日	大正12年	7.9	関東大地震	関東南部
88	1925年5月23日	大正14年	6.8	北但馬地震	但馬北部
89	1925年7月4日	大正14年	5.7		美保湾
90	1927年3月7日	昭和2年	7.3	北丹後地震	京都府北西部
91	1927年8月6日	昭和2年	6.7		宮城県沖
92	1927年10月27日	昭和2年	5.2	関原地震	新潟県中部
93	1930年10月17日	昭和5年	6.3		大聖寺付近
94	1930年11月26日	昭和5年	7.3	北伊豆地震	伊豆北部
95	1931年9月21日	昭和6年	6.9	西埼玉地震	埼玉県中部
96	1933年9月21日	昭和8年	6.0		能登半島
97	1935年7月11日	昭和10年	6.4	静岡地震	静岡市付近
98	1936年2月21日	昭和11年	6.4	河内大和地震	大和・河内
99	1936年11月3日	昭和11年	7.5		金華山沖
100	1939年5月1日	昭和14年	6.8	男鹿地震	男鹿半島
101	1941年7月15日	昭和16年	6.1		長野市付近
102	1943年3月4日	昭和18年	6.2		鳥取市付近

No.	発生年月日	和暦	M*1	地震名*2	被害地域・震央地名
103	1943年９月10日	昭和18年	7.2	鳥取地震	鳥取付近
104	1944年12月７日	昭和19年	7.9	東南海地震	東海道沖
105	1945年１月13日	昭和20年	6.8	三河地震	愛知県南部
106	1946年12月21日	昭和21年	8.0	南海地震	南海道沖
107	1947年９月27日	昭和22年	7.4		石垣島北西沖
108	1948年６月28日	昭和23年	7.1	福井地震	福井平野
109	1952年３月４日	昭和27年	8.2	十勝沖地震	十勝沖
110	1952年３月７日	昭和27年	6.5	大聖寺沖地震	大聖寺沖
111	1955年７月27日	昭和30年	6.4		徳島県南部
112	1955年10月19日	昭和30年	5.9	二ッ井地震	米代川下流
113	1961年２月２日	昭和36年	5.2		長岡付近
114	1961年２月27日	昭和36年	7.0		日向灘
115	1962年４月23日	昭和37年	7.1		広尾沖
116	1962年４月30日	昭和37年	6.5	宮城県北部地震	宮城県北部
117	1964年５月７日	昭和39年	6.9		男鹿半島沖
118	1964年６月16日	昭和39年	7.5	新潟地震	新潟県沖
119	1968年２月21日	昭和43年	6.1	えびの地震	霧島山北麓
120	1968年４月１日	昭和43年	7.5	1968年日向灘地震	日向灘
121	1968年５月16日	昭和43年	7.9	1968年十勝沖地震	青森県東方沖
122	1973年６月17日	昭和48年	7.4	1973年6月17日根室半島沖地震	根室半島南東沖
123	1978年１月14日	昭和53年	7.0	伊豆大島近海地震	伊豆大島近海
124	1978年２月20日	昭和53年	6.7		宮城県沖
125	1978年６月12日	昭和53年	7.4	宮城県沖地震	宮城県沖
126	1982年３月21日	昭和57年	7.1		浦河沖
127	1983年５月26日	昭和58年	7.7	日本海中部地震	秋田県沖
128	1983年６月21日	昭和58年	7.1	(日本海中部地震余震)	青森県西方沖
129	1987年12月17日	昭和62年	6.7		千葉県東方沖
130	1993年１月15日	平成５年	7.5	平成5年(1993年) 釧路沖地震	釧路沖
131	1993年２月７日	平成５年	6.6		能登半島沖
132	1993年７月12日	平成５年	7.8	平成5年(1993年) 北海道南西沖地震	北海道南西沖

No.	発生年月日	和暦	M*1	地震名*2	被害地域・震央地名
133	1994年10月4日	平成6年	8.2	平成6年(1994年) 北海道東方沖地震	北海道東方沖
134	1994年12月28日	平成6年	7.6	平成6年(1994年) 三陸はるか沖地震	三陸はるか沖
135	1995年1月17日	平成7年	7.3	平成7年(1995年) 年兵庫県南部地震	兵庫県南東沿岸
136	1997年3月26日	平成9年	6.6		鹿児島県北西部
137	1997年5月13日	平成9年	6.4		鹿児島県北西部
138	1999年2月26日	平成11年	5.3		秋田県沖
139	2000年10月6日	平成12年	7.3	平成12年(2000年)鳥取県西部地震	鳥取県西部
140	2001年3月24日	平成13年	6.7	平成13年(2001年)芸予地震	安芸灘
141	2003年5月26日	平成15年	7.1		宮城県沖
142	2003年7月26日	平成15年	6.4		宮城県北部
143	2003年9月26日	平成15年	8.0	平成15年(2003年)十勝沖地震	十勝沖
144	2004年10月23日	平成16年	6.8	平成16年(2004年)新潟県中越地震	新潟県中部
145	2004年11月29日	平成16年	7.1		釧路沖
146	2005年3月20日	平成17年	7		福岡県西方沖
147	2005年8月16日	平成17年	7.2		宮城県沖
148	2007年3月25日	平成19年	6.9	平成19年(2007年)能登半島地震	能登半島沖
149	2007年7月16日	平成19年	6.8	平成19年(2007年)新潟県中越沖地震	新潟県上中越沖
150	2008年6月14日	平成20年	7.2	平成20年(2008年)岩手・宮城内陸地震	岩手県内陸南部
151	2009年8月11日	平成21年	6.5		駿河湾

No.	発生年月日	和暦	M[*1]	地震名[*2]	被害地域・震央地名
152	2011年3月11日	平成23年	9.0	平成23年(2011年)東北地方太平洋沖地震	三陸沖
153	2013年4月13日	平成25年	6.3		淡路島付近
154	2016年4月16日	平成28年	7.3	平成28年(2016年)熊本地震	熊本地方

＊1：地震のマグニチュード．No.86地震までは宇佐美ほか（2013）に，それ以降は気象庁震源データ（1923～2016）による気象庁マグニチュード．No.152のみモーメントマグニチュード．

＊2：宇佐美ほか（2013）の地震名および気象庁命名の地震名．

し、西は高知県から東は静岡県までの広い範囲で液状化と思われる現象が記録されており、近い将来発生すると考えられている南海トラフ地震での液状化発生範囲を推定する上で参考になります。

以上のように、液状化が発生する広がりは、地震のマグニチュード（M）におおむね比例しており、たとえば、M六程度の地震であれば、液状化の広がりは震央から三〇km程度、M七では一五〇km程度、M八では三〇〇～四〇〇kmの範囲内の主として低地や埋立地になります。

なお、噴砂・噴水は、歴史史料や古い文献に記録されているほかに、遺跡などの発掘調査の際に液状化による砂脈[3]が全国各地で発見されています。これは液状化した砂が移動した経路に液状化砂が充塡されているもので、この砂脈も液状化の発生を裏付ける証拠の一つですが、液状化を起こした地震を正確に特定できない場合が多いことから、表2-1には含めていません。

［3］　液状化した砂が地表に噴き出すまでの経路に周囲の土とは異質の砂や砂礫が詰まったもの。

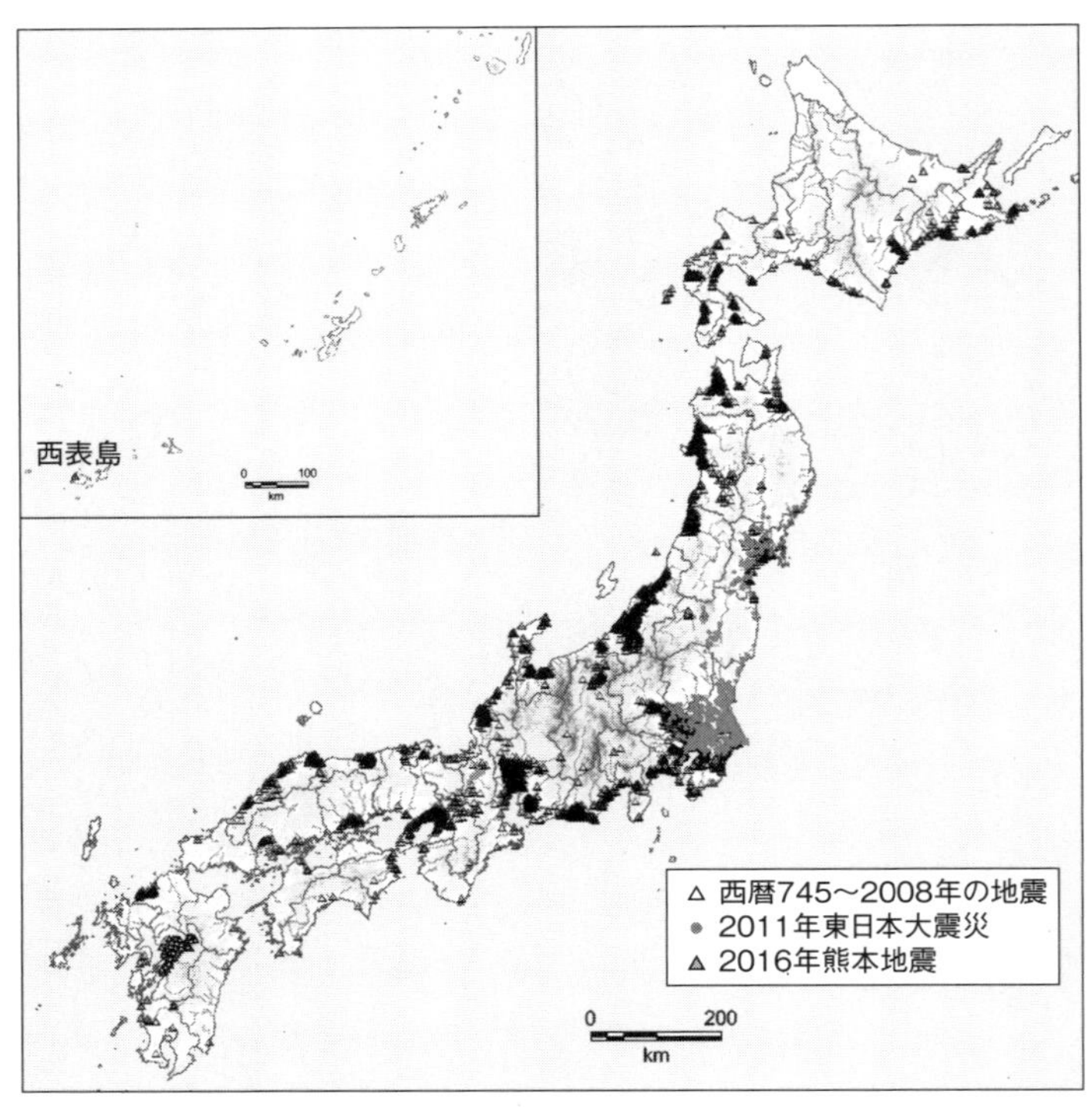

図 2-6　全国の液状化履歴地点

2.6 液状化はローカル現象?

図2-7は、図2-6の液状化履歴地点の分布を、低地の分布に注目して整理し直したもので、全国の主な平野と盆地ごとの液状化の発生回数を示しています。液状化発生の地点数や分布に関係なく、ある地震で一カ所でもその平野や盆地に液状化が起きた記録があれば一回とカウントしています。過去に液状化発生の回数が多いのは、濃尾平野と新潟平野の一一回を筆頭に、秋田・能代平野の一〇回、大

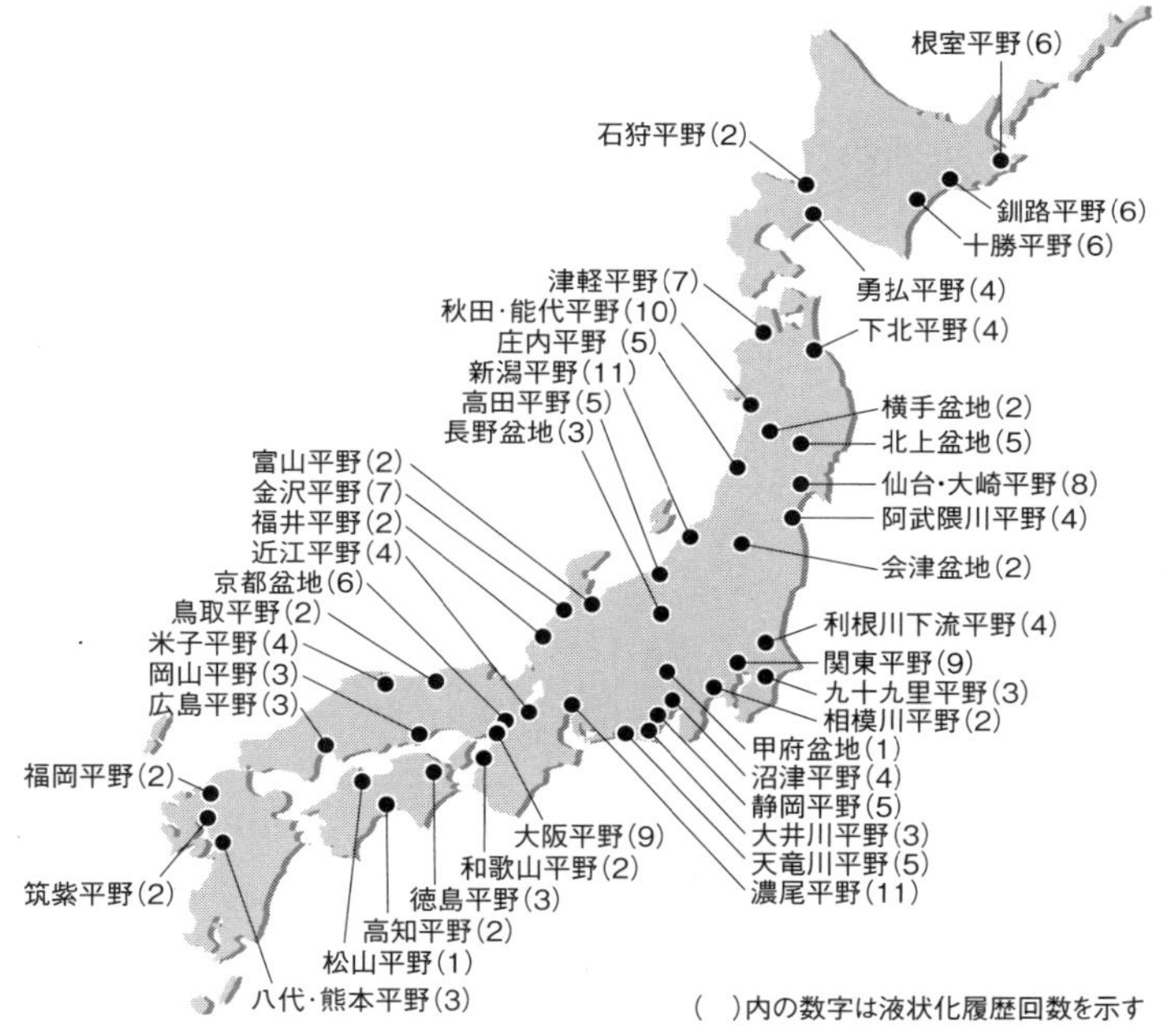

図 2-7　平野・盆地ごとの液状化発生回数（745-2016 年）（若松，2011 に加筆）

阪平野、関東平野、仙台・大崎平野の各九回の順となっています。

これらの分布図を見てわかることは、日本全国の平野や盆地では、発生回数の多寡こそありますが、全国的に液状化が起きており、広い低地をもつ大きな平野ほど液状化発生回数が多いことです。自然にできた低地のほか、海岸部の埋立地や干拓地でも、液状化は多数起こっています。このように、液状化は低地や埋立地であれば、全国どこにでも起こり得る現象であり、**第1章**で挙げた新潟市、神戸市、熊本市などの特定の地域だけのローカルな現象ではありません。

2.7 同じ土地で液状化は繰り返し起こる

液状化が起こると、地盤が沈下します。このことから、一度液状化した地盤は、地盤が沈下した分だけ締め固められ、液状化しにくくなると思われることが多いようです。これは誤解で、一度液状化したぐらいでは、締め固まることはありません。再液状化のしくみは完全に解明されているわけではありませんが、部分的には締め固まるものの、かえって元の状態より緩む部分もあることが、地震前と後の地盤調査結果の比較からわかっています。

図2-6の中から、再液状化と考えられる記録を取り出してみると、七四五～二〇〇八年の地震では一五〇カ所ありました。二〇一一年の東日本大震災では新たに一〇〇カ所、二〇一六年の熊本地震でも一カ所での再液状化が確認されました。古い地震では、液状化が発生した場所は地名を手がかりに推定するため、同じ地名でも液状化が発生した場所が厳密に同じかどうかは断定できません。

しかし、筆者自身が現地踏査を行った際に、「この場所では、以前も同じ現象が起こった」という話を住民からよく聞きます。東日本大震災の再液状化の例は**第1章**でも紹介しましたが、その他の最近の例を挙げると、二〇〇四年の新潟県中越地震で住宅に液状化被害が多数発生した新潟県柏崎市橋場町（鯖石川の旧河道）や刈羽村稲場（荒浜砂丘の裾）では、二〇〇七年の新潟県中越沖地震でも著しい液状化被害が再び発生しました。また、山形県遊佐町江地字出戸（庄内砂丘の裾）では、三五年間で四回の液状化が発生しており、住宅などに被害を与えました。

釧路市緑ヶ岡五丁目でも、三〇年間に四回の地震で液状化が発生し、住宅や上下水道、ガスなどの埋設管路に被害を与えています。緑ケ岡は、釧路段丘を一九六〇年代〜一九七〇年代初頭にかけて切り盛りにより宅地造成した地域で、液状化を生じた場所は沢や谷筋を盛土した箇所でした。古くからの住民からは「液状化で水が出てくるのは、いつもこの場所」という声が聞かれ、同じ造成地の中でもとくに液状化が起こりやすい場所があるようです。

第1章で関東地方では一九八七年の千葉県東方沖地震で液状化した箇所で、二〇一一年の東日本大震災の時に再び液状化した事例をいくつか紹介しました。浦安市や潮来市日の出地区などはいずれも新興住宅地です。東日本大震災の後に筆者が現地を訪れた際には、二四年前の地震で液状化が起きたことを全く知らない住民がほとんどで、わずか四半世紀でも過去の災害が伝承されていないことを痛感しました。

地盤は、長い年月の経過とともに安定し、液状化に対する抵抗力も徐々に増加していきます。これを、経年効果（エージング効果）、あるいは続成作用と言いますが、少なくとも数十年から百数十年の時間スパンで見た場合には、一度液状化した履歴がある場所は、強い地震動に見舞われれば再び液状化する可能性が高いとみなした方がよいでしょう。

第3章——液状化被害を受けやすい土地の見分け方

本章では、日本で過去に起きた液状化発生の事例の分析から得られた「液状化が起こりやすい土地条件」を紹介します。ただし、以下に該当するすべての土地で液状化が起きるのでなく、「過去に液状化被害の事例がきわめて多かった」というように理解してください。

(1)新しい埋立地
(2)旧河道・旧池沼（昔、川や池沼があった場所）
(3)大きな川の沿岸（とくに、氾濫常襲地）
(4)海岸砂丘の裾(すそ)・砂丘と砂丘の間の低地
(5)砂鉄や砂利を採掘した跡地の埋戻し地盤
(6)谷埋め盛土の造成地
(7)過去に液状化の履歴がある土地

第1章でのべた地震で顕著な液状化被害が発生した場所も、上記の土地条件に該当するところでした。二〇一一年の東日本大震災では、地震の規模がきわめて大きく、二〇mを超える高さの津波が襲来するなど、防災上の想定外が多数起こりましたが、液状化発生地点の土地条件に関しては、想定外はありませんでした。以下では、項目別に土地の見方のポイントや被害事例を紹介します。

3.1　新しい埋立地

東日本大震災での液状化被害

埋立地に関して新旧の定義はありませんが、筆者のイメージでは、造成してから数十年の埋立地が新しい埋立地です。自然に堆積した土も、埋め立てた土も、長い年月をかけて徐々に締め固まり安定してきます。

二〇一一年東日本大震災では、東京都から千葉県にかけての東京湾岸埋立地で液状化による被害が発生しました。とくに著しかったのは、千葉県浦安市から千葉市美浜区までの埋立地ですが、神奈川県でも川崎市川崎区、横浜市中区、鶴見区、金沢区の埋立地で、局所的に噴砂や構造物の被害が見られました。これらの液状化地域での震度は、五強以上が大部分でしたが、一部では五弱の地域もありました。

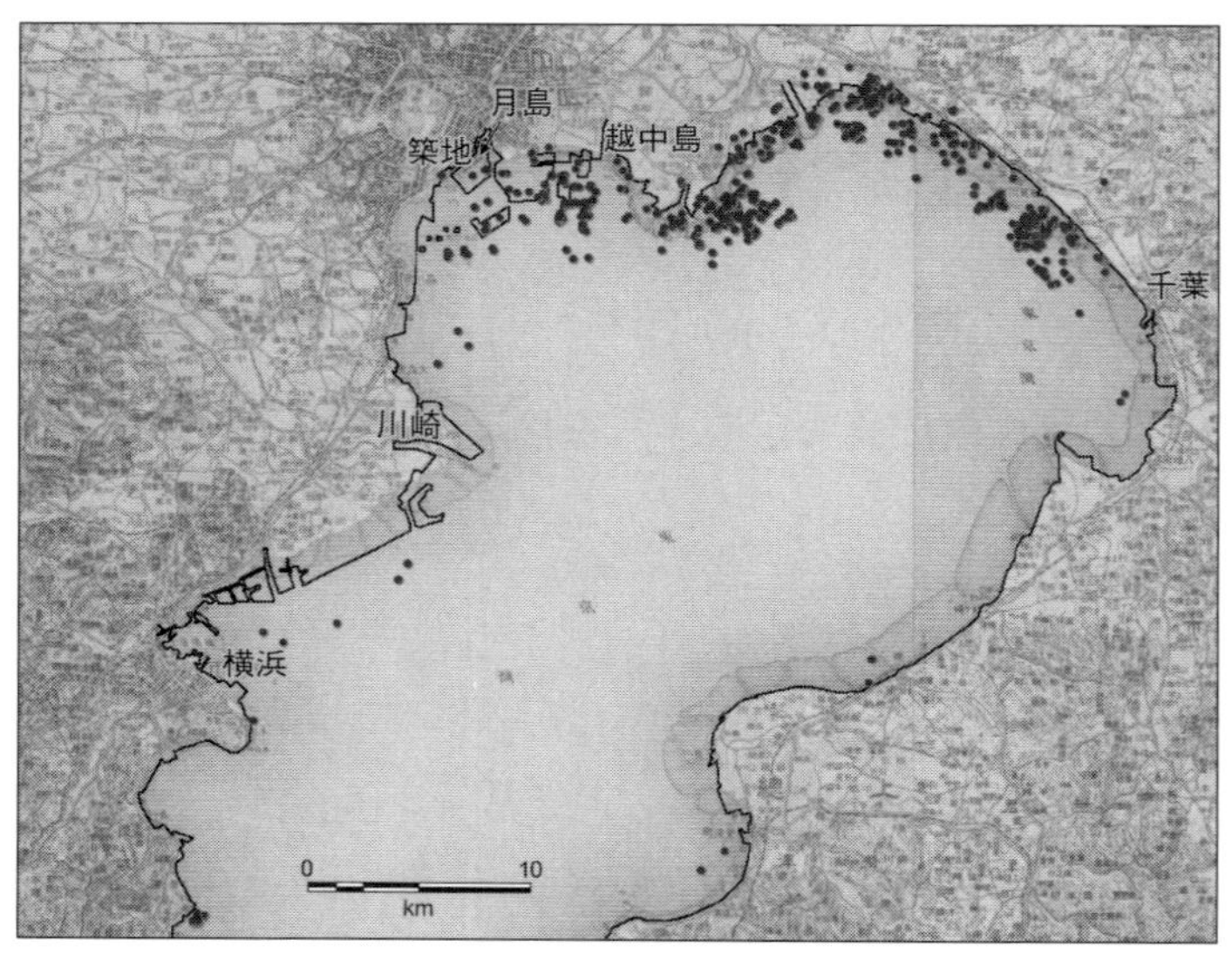

図 3-1　2011 年東日本大震災における液状化発生地点と 1947 年の海岸線（背景図は 1/20 万地勢図「東京」1914 年・「佐倉」1910 年）

図3−1は、約一〇〇年前の地勢図です。東京都中央区や江東区の一部には江戸時代の埋立地もありますが、おおむね東京湾岸の埋め立て前の姿と言ってよいでしょう。この地図には、東日本大震災の沿岸部での液状化発生地点を重ね合わせてプロットしています。さらに、一九四七年の海岸線も記入しています。これらを見比べると、液状化地点は一九四七年以降の埋立地に集中していることが見て取れます。つまり、液状化の大部分は戦後の埋立地で起きたと言えるでしょう。

一九二三年（大正一二年）の関東大震災では、東京都中央区月島、築地、江東区越中島など、江戸時代から明治期の埋立地で液状化が発生しましたが、東日本大震災では、これらの地区では液状化は起きませんでした。中央区と江東区における震度は、それぞれ震度五弱（中央区築地）と震度五強（江東区東陽）で、千葉県側の埋立地の震度と大きな差はありませんでした。このことから、造成後一〇〇年以上経過した古い埋立地では経年効果により地盤の液状化に対する強度が大きくなっていた可能性があります。

宅地の液状化被害件数が最も多かった浦安市は、総面積三〇・九四㎢のうち約八五％が、東京湾岸の干潟や海を一九六五〜一九八〇年の間に造成した埋立地です。東日本大震災により、地盤改良を行っていなかった埋立地のほぼ全域で液状化被害が発生しました。戸建て住宅など直接基礎の小規模建築物は、液状化で不同沈下を起こし、約三七〇〇棟の建築物が半壊以上（一〇〇分の一以上の傾斜）の被害認定を受けました。

しかし、被害を詳細に見ると、一九六八〜一九七一年に造成された古い埋立地の方が、一九七八〜一九八〇年造成の新しい埋立地より被害が甚大でした。これは経年効果よりも、埋め立てに用いられた土砂の種類や層厚、地下水位の影響が大きいと考えられています。

古い埋立地も液状化することがある

一方、埋め立て後かなりの期間が経過した土地でも、液状化が発生することがあります。**第１章**で紹介した尼崎市築地がその代表例です。ここは一六〇〇年代中ごろ、葦（あし）の生える海辺の湿地を埋め立てた土地です。ここでは、一九九五年の阪神・淡路大震災の際に、地区内全一一〇〇戸のうち約三〇〇棟が液状化により全半壊しました。

造成後どの程度の歳月を経過したら液状化に対して安定するかは、埋め立て材料に大きく左右されます。粘土分やシルト分が少ないきれいな砂は、液状化しにくくなるまでにより多くの年月を要すると考えられています。

埋立地の造成年代の調べ方

対象とする場所が埋立地か否か、いつごろ埋め立てられたかの確認は、市史などでわかることもありますが、地形図の図歴をたどって新旧地形図を比較するのが、最も手っ取り早い方法です。日本では、明治一〇年代から地形図が作成されており、これらの過去の地形図の図歴（リスト）と低解像度の地図画像は、国土地理院のホームページで公開されています。高解像度の地図画像は国土地理院および地方測量部の測量成果閲覧室のパソコンのモニター上で見ることができ、コピーも比較的安価に入手できます。また、空中写真も、国土地理院のホームページで公開されています。[1] [2] [3]

3.2 旧河道・旧池沼

旧河道・旧池沼の調べ方

川は、氾濫などがきっかけとなって、流れが何度も変わってきています。また、蛇行していた川の流れをまっすぐに変える河川改修工事が行われたことにより、昔の川が沼地として残っていることがあります。川の昔の流路（旧河道）やかつて沼などがあったところは、地下水位が高く、緩い河床砂や埋立土が存在し、液状化が最も起こりやすい地盤です。東日本大震災では、**第1章**で紹介したように、利根川やその支流の小貝川・鬼怒川の旧河道で甚大な液状化被害が発生しました。

旧河道や旧池沼を見分けるには、埋立地と同様、旧版地形図を利用するのが一番わかりやすいでしょう。

図3-2(a)～(c)は、縮尺五万分の一地形図「佐原」図幅の利根川の沿岸部分を、明治・昭和・平成の三時期で比較したものです。中央を東西に流れているのが利根川です。図3-2(a)の一九〇六年は、利根川の河川改修前の状況で、現在の流路より蛇行しています。図3-2(b)の一九五二年は、利根川第二期改修工事（一九〇七～一九三〇年）の後の状況で、流路が直線化されています。元の流路を締め切ったことにより、かつての蛇行流路は沼地となっています。

図3-2(c)は現在に近い状況で、図3-2(b)に見られた沼地はすべて埋め立てられています。これら

［1］　測量に基づく正確な地図で、等高線と植生など土地利用状況が記入されています。
［2］　地形図・地勢図図歴：http://mapps.gsi.go.jp/history.html#ll=37.3912834,140.3903225&z=5&target=t25000
［3］　地図・空中写真閲覧サービス：http://mapps.gsi.go.jp/maplibSearch.do#1　全国規模で写真が揃っているのは、一九四七年前後以降（撮影年は地域によって異なる）に限定されています。

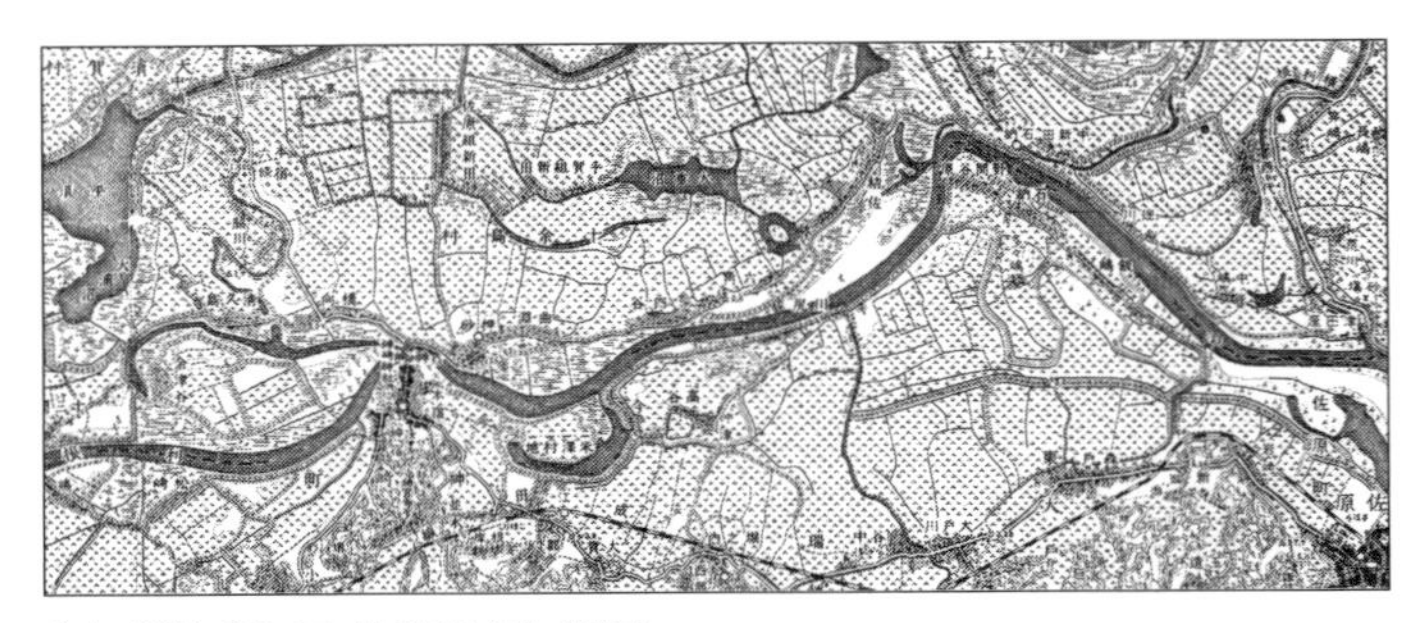

(a) 明治 39 年（1906 年）測量

(b) 昭和 27 年（1952 年）測量

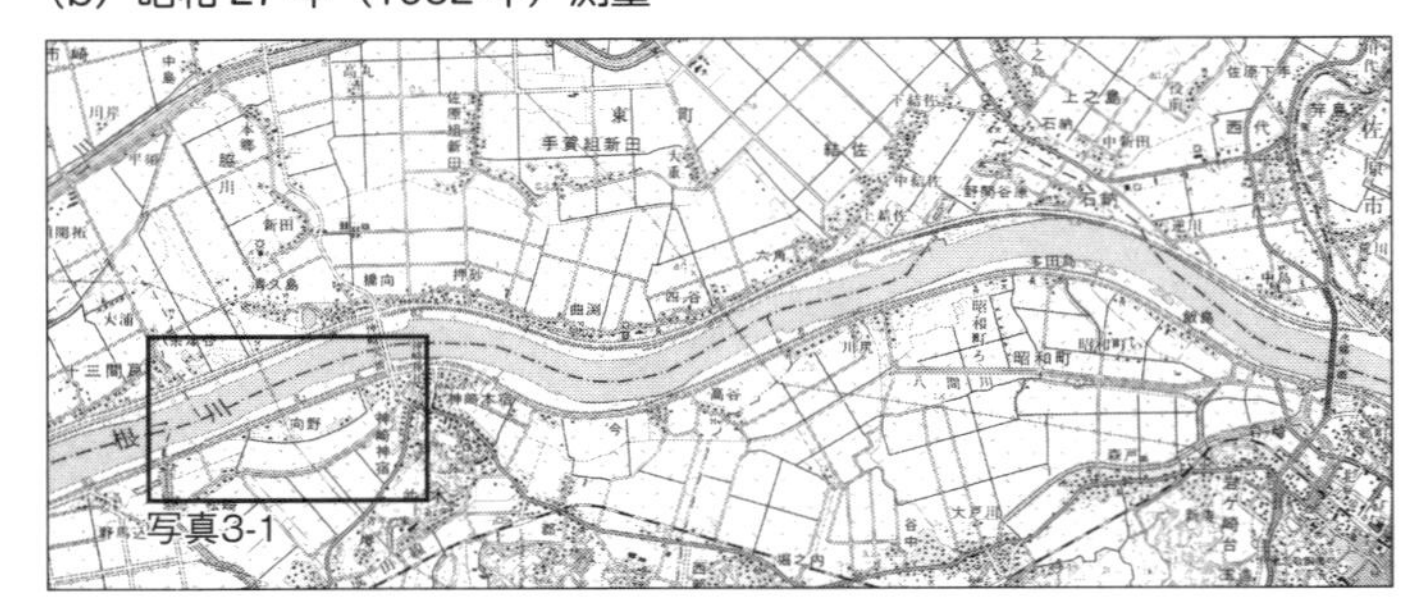

(c) 平成 9 年（1997 年）測量

図 3-2　1/5 万「佐原」の地形図の変遷

(a) 1979年9月5日撮影写真（国土地理院，CKT95-C8-4）

(b) 2011年3月29日撮影 Google Earth 画像

写真3-1　千葉県神崎町の旧河道の空中写真画像

の沼地は、一九六〇年前後に当時の建設省により利根川の浚渫砂で順次埋め立てられ、大部分は水田として利用されてきました。この地域は関東地方の穀倉地帯で、ふだん現地を見ても見渡す限りの田んぼが広がり、旧水域とそれ以外の地域は全く区別できません。しかし、図3-2(a)(b)に見られる旧河道・旧沼地に該当する地区では、一九八七年千葉県東方沖の地震と二〇一一年の東日本大震災の両方で、大規模な液状化被害が発生しました（写真1-29）。また、液状化は埋め立て部分の外縁部の自然地盤でも発生しており、埋め土だけでなく利根川が運搬してきた自然堆積の砂も液状化したことがわかります。

旧河道の判別は、空中写真やGoogle Earthの画像でも読み取れる場合があります。写真3-1(a)は、図3-2(c)の枠内を撮影した空中写真です。写真中央部の二本の湾曲した水路・農道に挟まれた部分が旧河道で、旧河道内とその周囲では水田の区画が異なることに注目してください。写真3-1(b)は、同じ場所のGoogle Earthの画像です。写真3-1(a)以降に圃場整備が行われたため、旧河道内の水田の区画が変わってしまっていますが、円弧状の旧河道の地形をわずかに確認することができます。なお、写真3-1(b)は、東日本大震災の一八日後に撮影されたGoogle Earthの画像であり、旧河道で発生した液状化による噴砂（水田の畦道が不鮮明になっている白っぽい部分）が明瞭に写し出されています。

東日本大震災では三〇〇年前の旧河道が液状化

以上の方法で判別することができる旧河道は、一〇〇年前くらいまでの比較的新しい旧河道です。液状化は一般には新しい旧河道に多く発生しますが、埋立地と同様例外もあります。

たとえば、二〇一一年の東日本大震災の時に、岩手県花巻市花北地区の北上川の旧河道でも液状化被害が発生しました。ここは、三〇〇年余り前まで北上川が大きく蛇行していた地区です。この地区

写真 3-2　北上川の付け替えを 1686 年に 3 度目で成功させたことを讃える顕彰碑（橋本孝夫氏撮影）

には「貞享三年（一六八六年）先人の努力によりついに北上川の変流工事三度目にして成功、花北地区を水害から守り今日の平和な街づくりの基をつくったその偉業を讃える」という顕彰碑が建てられています（写真３-２）。「三度目にして成功」とありますので、それだけ水脈を変えるのが難しかったのでしょう。今でも地下水が豊富で、住民によれば「五〇cm程度掘ると、こんこんと地下水が湧いてくる」そうです。

よみがえった昔の利根川

古い旧河道の液状化事例は、関東地方にもあります。以下は、今から三〇年近く前に、筆者が一九二三年の関東大震災の体験者から聞き取った話です。

その日、大正一二年（一九二三年）九月一日は、真夏のカンカン照りの暑さとはちょっと違った異様に蒸し暑い日でした。東京府下東葛飾郡亀有村砂原（現在の東京都葛飾区亀有四丁目）に住む高橋はまさん（当時一六歳）

は、庭先で昼食の塩鮭を焼いていました。体が大きく揺らいだような気がしたので、一瞬めまいかと思いました。次の瞬間、目の前の地面が大きく波打ち、地震と気づきました。関東地方一円を襲った関東大震災（関東大地震、マグニチュード七・九）です。

高橋さんは、とっさに隣の「やま」に避難しました。このあたりは昔から水害に悩まされてきたので、微高地を「やま」と呼んで暗黙の避難場所になっていたのです。揺れがおさまってから高橋さんが家にもどると、庭には大きな地割れが何本もできていて、砂と水を噴き出していました。さっき魚を焼いていた七輪や、庭先の風呂桶や、植えてあった二本の槙の木さえも、地面にもぐって行方がわからなくなってしまいました。新築したばかりの家は沈下して、地下水が家の中にどんどん入っていきました。周辺一帯は、一m以上も地下水がたまったので、地震後しばらくは舟で往来したほどでした。

亀有一丁目に代々住みついてきた地主の吉田秀男さんは、大正九年生まれ、関東大震災の記憶はありません。でも震災の話は、小さい時から父親に繰り返し聞かされてきました。「刑部（現在の葛飾区亀有二丁目）の畑は、地震のたびに砂や地下水を噴き上げてズブズブになる。この前の関東大震災の時だけじゃない、安政の地震（一八五五年）の時も同じだった。あそこには絶対家を建てるなよ」と。

以上のほかにも、筆者は関東大震災の体験者から地震当時の話を聞いて回りました。葛飾区から足立区にかけて、必ずと言ってよいほど液状化現象の話題が出ます。震災資料には、噴砂・噴水の記録は多くは残っていませんが、前述の高橋さんや吉田さんのような体験談をもとに、液状化現象が起き

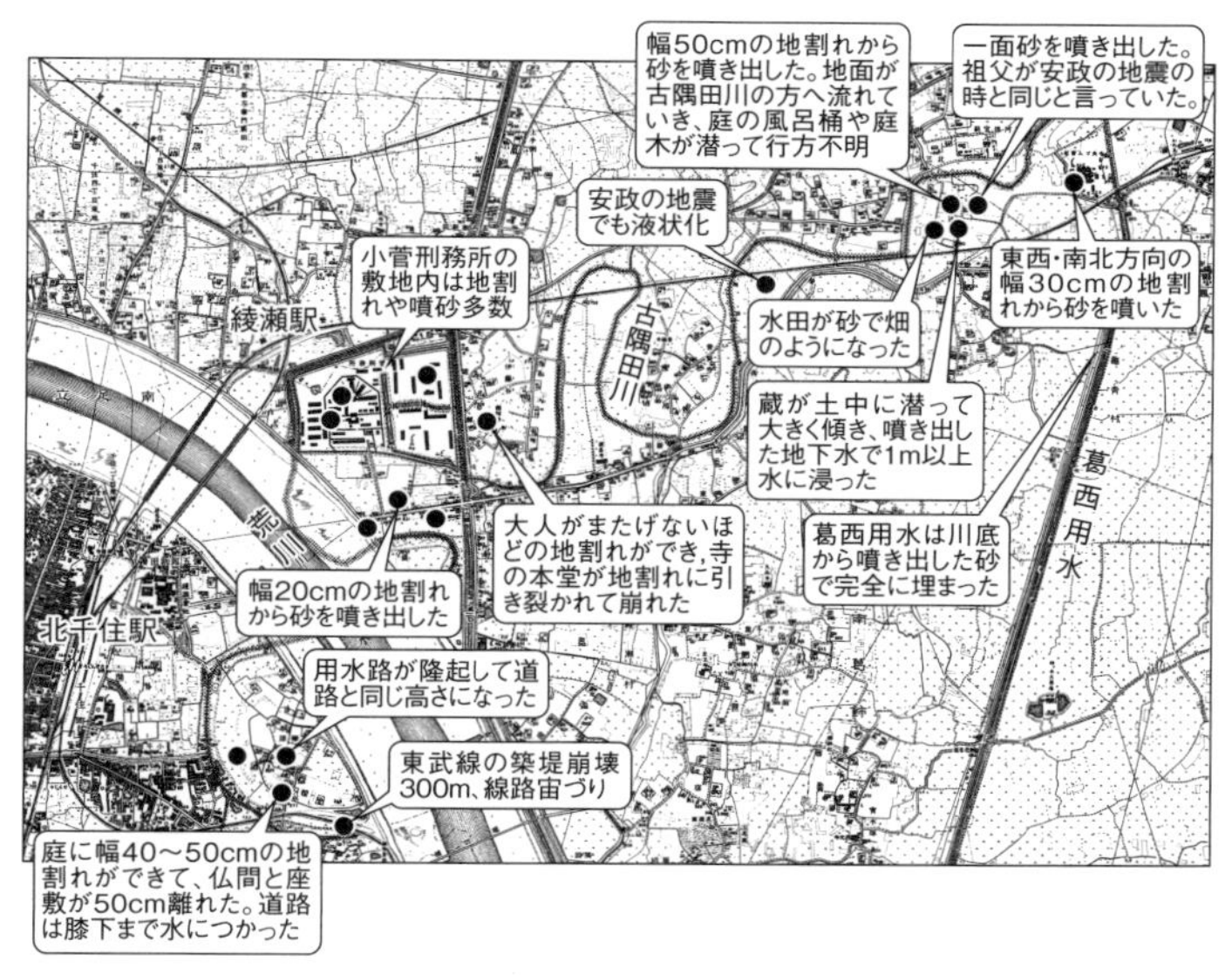

図3-3　1923年関東大震災における古隅田川沿いの液状化に関する記録や体験談（背景図は1/1万地形図「千住」1921年）

た場所をプロットしていくと、図3-3のようになります。液状化地点は、なぜか葛飾区と足立区の区境に集中していることに気づきます。そして、今まで何気なく見ていた区界線が、不自然に曲がりくねっていることにも気づくでしょう。実は、区境には昭和の半ばまで古隅田川という川が流れていたのです。

高橋はまさんの話では、地震当時、川幅は一間半（二・七m）の小さな川でした。明治四〇年生まれの高橋さんには、液状化現象などと難しいことはわからないけれど、地震の後、庭先を掘り返しても風呂桶は見つからないことはわかっていました。庭木や七輪も地面と一緒に北側の古隅田川の方へ「サーと流れていってしまった」とずっと信じてきました。

写真 3-3　古隅田川の現況（葛飾区西綾瀬）（筆者撮影）

その証拠に、川は地震の後、すっかりふさがって、逆に土手のように盛り上がって、子供の格好な遊び場になっていたのですから。高橋さんの体験はまさしく液状化による側方流動です。このようなことが東京の埋立地以外の内陸部で実際に起きていたのです。

さて、問題の古隅田川は、その後水路の幅が狭まり、蓋掛け水路になったため、地上の風景からほとんど姿を消してしまっていました。一九九八〜一九九九年に足立区と葛飾区が行った古隅田川緑道整備事業で、一部がせせらぎ水路として復元されました。しかし、川らしい姿で流れるのは、ＪＲ常磐線綾瀬駅前の東京拘置所の周囲だけです（写真３-３）。都市化に伴い埋もれてしまいかけたこの水路は、実は、四〇〇年近く前まで利根川の本流だったのです。千葉県の銚子の方に流れる現在の利根川の流路は、「利根川の東遷」と言われる事業（一五九四〜一六五四年）によって、人工的に付け替えられた河川なのです。かつての利根川は、埼玉県の南東部、杉戸、春日部、三郷を経て、東京

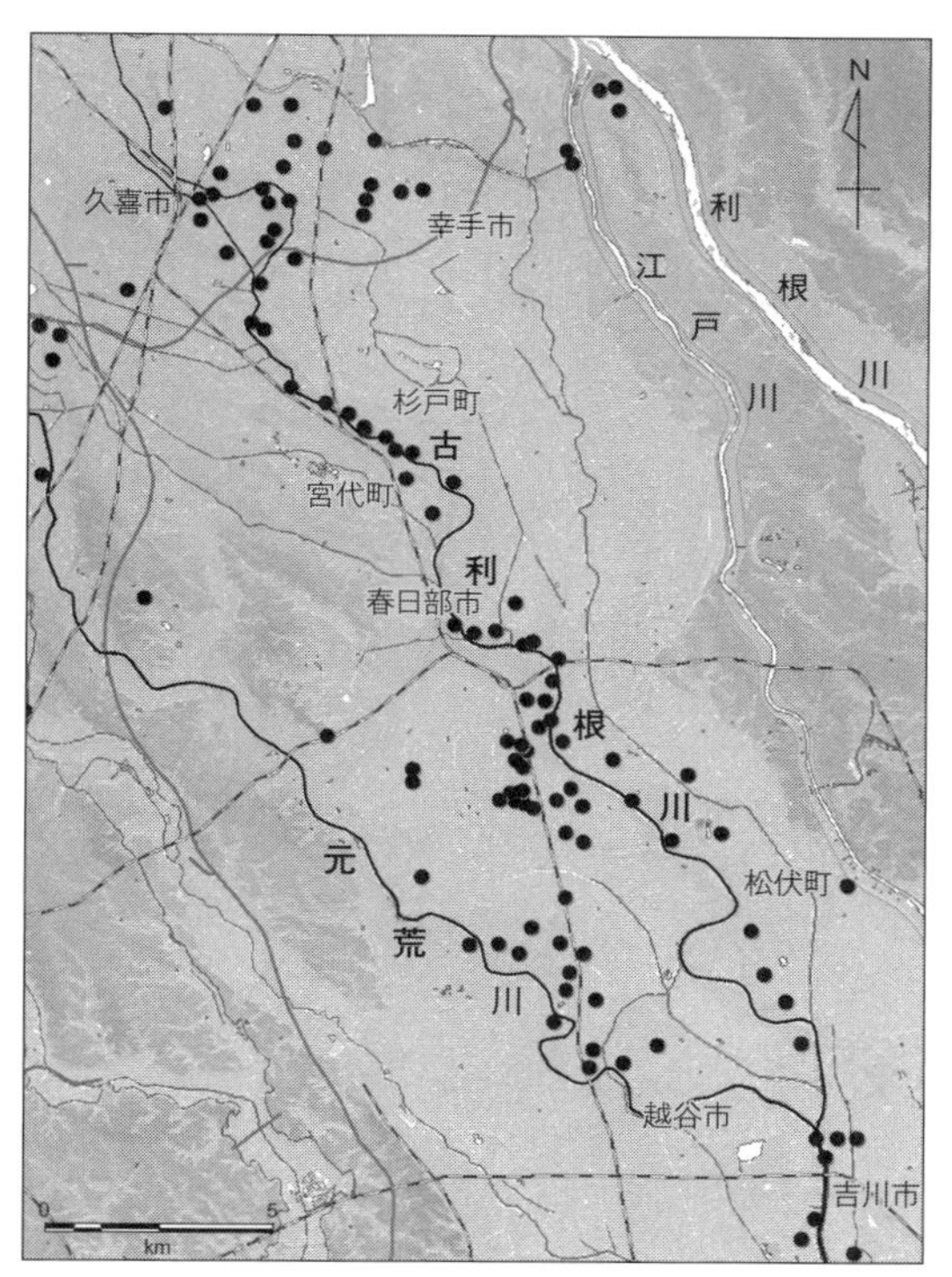

図 3-4　1923 年の関東大震災の時に約 400 年前の利根川の流路に沿って現れた噴砂の分布（背景図は国土地理院基盤地図情報を使用して作成）

に入り、足立区と葛飾区の区境を流れて、最後は隅田川を通って東京湾に注いでいました。その名残は上流の埼玉県側では、古利根川という川として残っています。

一九二三年の関東大震災の時には、埼玉県側でも、かつての利根川の川筋に沿って激しい液状化が発生しました。図３－４は関東大震災の時に、西亀有のように砂や地下水を噴き上げた地点の分布を示しています。前述の昔の利根川の流路を見事に再現していると言えるでしょう。

旧流路沿いには、利根川が上流から流れ運んできた砂が厚く積もっています。砂の粒子の大きさは、直径約〇・一五㎜、新潟地震で新潟市に災禍をもたらした信濃川の砂とよく似たサラサラの砂です。厚さは亀有付近で五m、上流の春日部付近で六mにもなります。この砂が大地震のたびに液状化するらしいのです。「地震の時、砂と一緒に軽石を噴き上げた」と前述の高橋はまさんも言っていましたが、この軽石は、利根川が上流の浅間山や榛名山などの火山地帯から運んできた軽石で、まさしく利根川が運んできた砂が液状化の犯人であったことの証拠です。

ちなみに、かつての利根川筋は二〇一一年の東日本大震災の時は、震度五弱ないし五強でしたが、埼玉県側で噴砂や軽微な液状化被害がありました。大河の旧河道の地下には、川の落とし子である砂と水脈があります。このため地震のたびに液状化が起きて、川筋がよみがえると言っても過言ではありません。

3.3 大きな川の沿岸（とくに氾濫常襲地）

大きな川をマークせよ

二〇一一年の東日本大震災の時も、大きな川の沿岸に液状化が多く発生したことは第1章でものべました。なぜ、小さな川でなく大きな川なのでしょうか？

それは土砂流送能力の違いのためです。川は上流域の岩を削り、下流に押し流してきます。押し流す過程で粗い岩石を徐々に細かく砕き、それらは礫→砂→シルト→粘土とだんだん細かくなって、下流に運ばれていきます。そして川が平野に入り、流れが緩やかになると、これらの石や土を沿岸に堆積させていきます。現在は堤防が整備されているため、氾濫は滅多に起こりませんが、昔は川が氾濫するたびに、川が運んできた土砂を沿岸に大量に堆積させました。川沿いの低い土地の表層地盤は、このように氾濫の繰り返しによって形成されてきたのです。

液状化しやすい砂は、礫に次いで重い土です。砂を大量に押し流すにはパワーが必要です。パワーがあるのは勾配が急な大河川です。このため大きい川の沿岸には砂が多く堆積していることが多いのです。

氾濫常襲地はなぜ液状化危険地帯か

過去に氾濫が頻繁に起きている地域は、土砂の堆積が盛んな地域で、水はけも悪く、地下水位が高い土地が多くなっています。つまり液状化が発生しやすい条件「締め固まっていない土砂＋水」が整っている土地です。

東日本大震災では、震源から遠く離れた関東地方の内陸部の埼玉県加須市、久喜市、幸手市、千葉県我孫子市、東京都葛飾区、横浜市港北区などで、局所的に液状化による家屋被害が発生しました。

これらの地区も大局的に見れば、河川沿岸の氾濫常襲地に該当しています。

加須市には、かつての利根川（古利根川）が形成した自然堤防[4]があり、久喜市南栗橋や横浜市港北区小机は後背湿地で、とくに排水不良な地域でした。その他の地域は、洪水の際にできた押堀[5]などの埋立地です。氾濫常襲地の液状化地点には、埋め立て・盛土など人工的な土地の改変が行われた地区が多くなっていますが、埋め立て材料のみの問題ではなく、元々の土地条件の悪さが液状化被害を増大させているようです。

氾濫常襲地の見分け方

現在では、氾濫の起こりやすさは堤防の高さや河川断面とも関係しますが、堤防などによる人為的な管理が行われる以前の長い土地の歴史を見る場合は、川の蛇行・屈曲、合流、狭さく（川幅が狭くなる）に注目します。現在は流路がまっすぐでも、昔は激しく蛇行していた地域もあります。最近の百数十年間の流路は、旧版地形図で確認することができます。

昭和三〇年代ころまでの旧版地形図を見ると、氾濫常襲地では河川沿いが一面の桑畑になっていることが多くなっています。桑の栽培は、氾濫によって土砂が新しく堆積した土地の最も手近な土地利用形態でしたが、蚕糸業の衰退とともに、桑畑は水田や宅地に転化されていきました。東日本大震災

［4］　洪水の際の氾濫土砂が堆積してできた微高地。
［5］　おっぽり、落堀ともいう。堤防が決壊した時に濁流が流れこんでできた池。

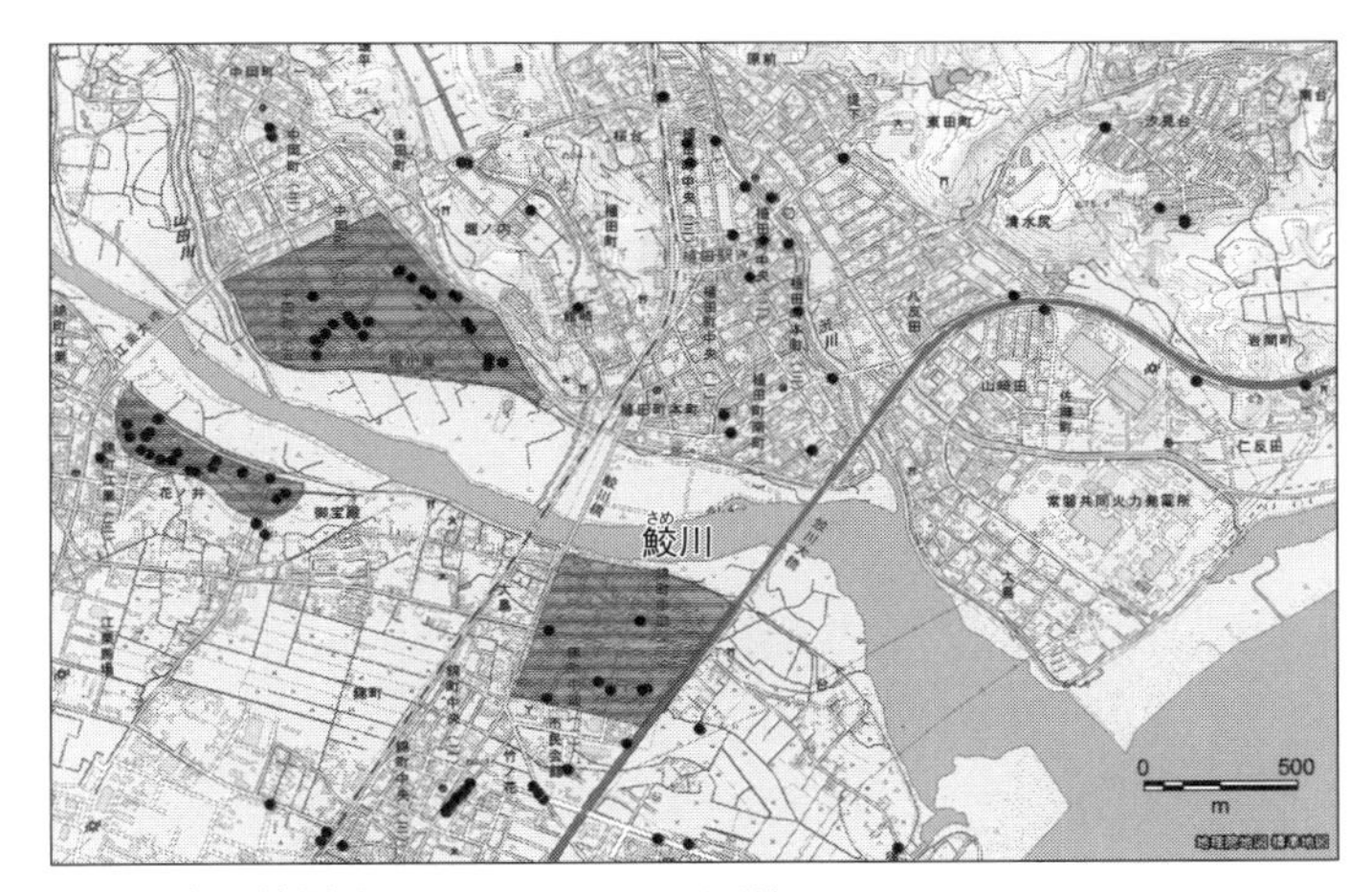

(a) 現在の地形図（地理院標準地図に加筆）

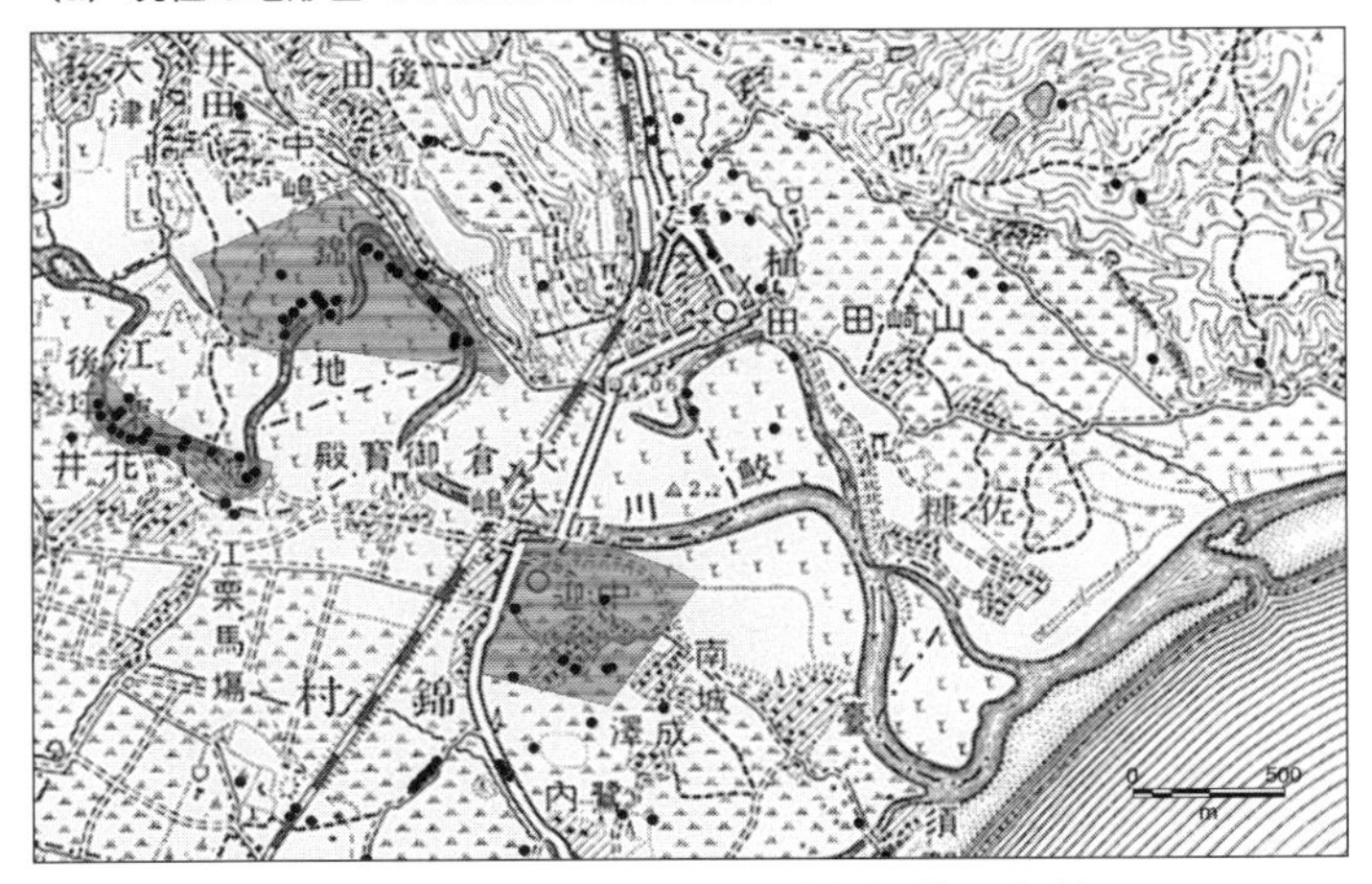

(b) 1908 年（明治 41 年）1/5 万地形図「小名浜」に加筆

図 3-5　2011 年東日本大震災におけるいわき市の液状化による家屋被害発生域（網目）と水道管被害地点（●印）．地図記号のＹは桑畑．

写真 3-4　いわき市植田町根小屋における液状化被害．写真右手の宅地の背後に旧河道の名残の水路がある（2011 年東日本大震災）（いわき市撮影）

写真 3-5　植田町根小屋における側方流動．左手に旧河道の名残の水路がある（いわき市撮影）

で液状化が発生した東北地方の川沿いの土地の多くは、昔桑畑だった土地でした。

図3−5(a)は二〇一一年東日本大震災におけるいわき市植田町付近の液状化発生地点です。(a)は現在の地形図上にプロットしたもので、ここでは宅地や生活道路と地下に埋設されている水道管路などに大きな被害を生じました（写真3−4）。写真3−5に示すように側方流動も発生し、地割れの延長上にある塀や工場が引き裂かれています。この地区は、一九七〇年代後半から水田の宅地化が進み、液状化被害が最も甚大だった水路沿いの宅地は一九八〇年代以降に造成されたとのことです。

図3−5(b)は、図(a)と同じ場所の一九〇八年の旧版地形図に、液状化発生地点をプロットしたものです。当時は鮫川が大きく蛇行してこの地区を流れており、液状化被害が発生した地区は、旧流路沿いの地域であることがわかります。また、旧流路沿いは一面、桑畑になっています。液状化被害は、旧流路と桑畑で発生しましたが、とくに旧河道の流路をなぞるように水道管が被害を受けています。

千曲川の名前が示す液状化の危険

千曲川と犀川の合流点に広がる長野盆地は、善光寺平の名で古くから親しまれてきました。長野盆地は、しばしば直下型地震の災禍をくぐり抜けながら、歴史と文化を育んできました。

一八四七年（弘化四年）の善光寺地震は、現在の長野市を中心に、死者八〇〇〇人とも一万人とも言われる大災害をもたらしました。この地震の名を後世に伝えたのは、松代領だけでも四万カ所を越える山崩れの発生です。中でも、犀川の右岸にあたる虚空蔵山は二カ所で大崩壊し、その土砂は犀川

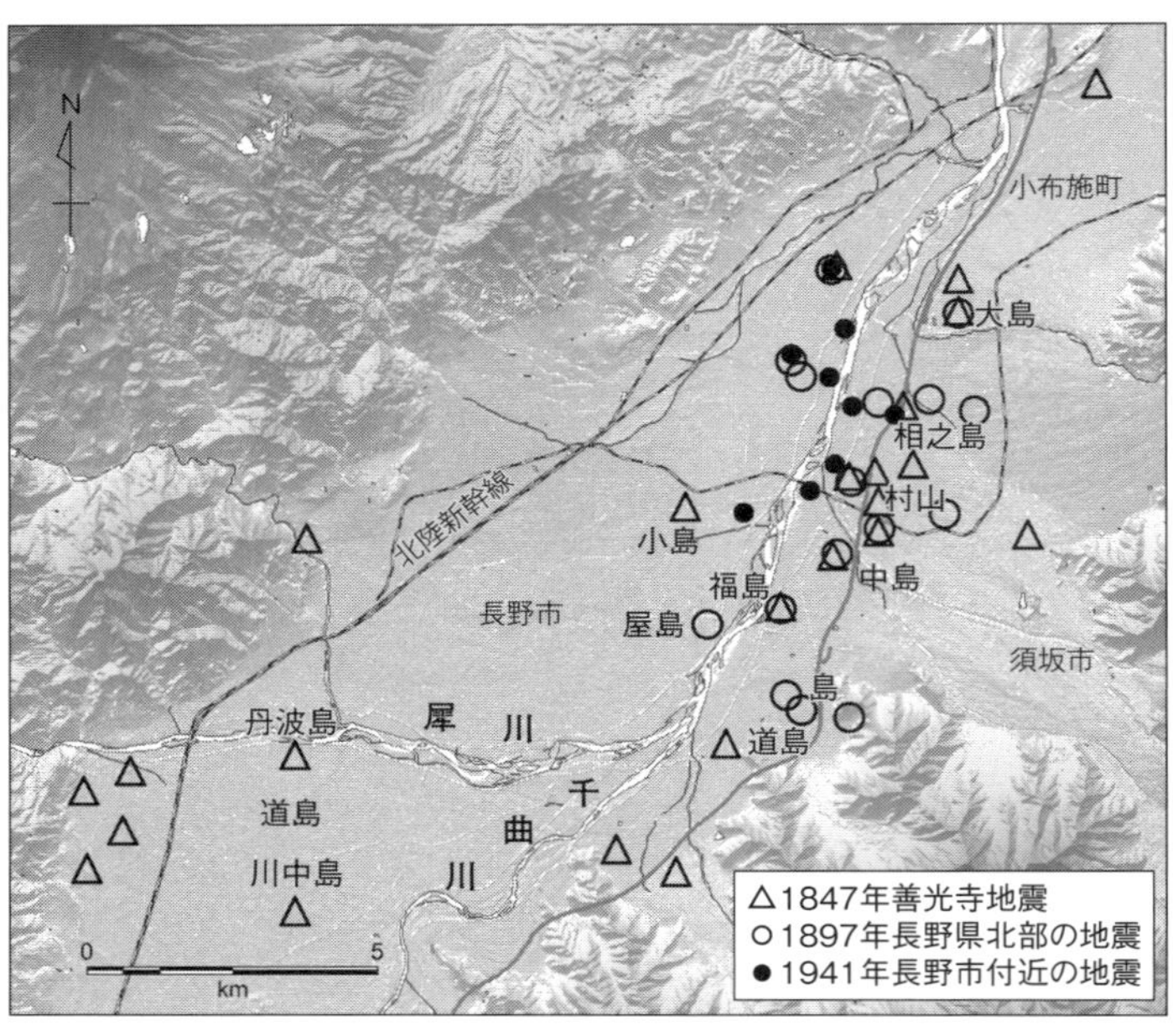

図 3-6　長野盆地における液状化発生地点（背景図は国土地理院基盤地図情報を使用して作成）

をせき止めて、長さ四〇kmにわたる細長い湖を造り、沿岸の三〇カ村が水没してしまいました。この地震の被害については膨大な史料が残されていますが、その記録をたどると、山崩ればかりでなく、地盤の液状化現象があちこちで起こったことを示す記述に遭遇します。

「川沿いの村々、すなわち綿内村、福島村、中島村、村山村、沼目村、八重森村、相之島村、小島村、飯田村、大島村の辺りでは、民家が傾倒し、地面がところどころ裂けて、赤い砂や青い泥を吹き出した。地面の割れ目からは、水が五、六尺から一丈も吹き上げ、？のような臭いがした。もぐ

表3-1　長野盆地における液状化の履歴

地震名（地震発生年）	地震マグニチュード	噴砂・噴水の記録がある地名
1847年（弘化4年）5月8日 善光寺地震	7.4	四ツ屋，段ノ原，綿内，高梨，沼目，**小島**，八重森，**村山**，五閑，川原新田，**道島**，川田，**福島**，**中島**，**相之島**，**大島**，飯田，**川中島**，**丹波島**
1897年（明治30年）1月17日 長野県北部地震	5.2	赤沼，**屋島**，**島**，大橋，**福島**，塩川，**大島**，長沼，温湯，**中島**，高梨，**村山**，**相之島**，**小島**，穂保
1941年（昭和16年）7月15日 長野市付近	6.1	柳原，赤沼，長沼，**相之島**，**村山**，穂保，津野

らや蛇の類を一緒に噴き上げたところもあるということだ。田畑は、凹凸ができて?·?のようになった」（『信州国地震洪水実記』より、?は古文書の傷みにより判読できない文字。訳は筆者）

これらの村名は、今でも長野市や須坂市の字名として残っています。この地震で液状化現象が起こった場所は、現在の更埴市から飯山市まで四〇km余りにもわたっています（図3-6）。一八九七年（明治三〇年）の長野県北部の地震、一九四一年（昭和一六年）長野市付近の地震も、善光寺地震と同様に長野盆地の直下で発生した地震ですが、これらの地震でも千曲川沿岸に液状化現象が起こっており、噴砂・噴水を生じた地区の名に、前述の地名が再度、再々度登場します（表3-1）。

ところで、これらの地名には、「島」がつく名が多いことに気づかれたことでしょう。海から離れた内陸において「島」のつく地名は、低地の中の微高地を示すことが多く、地形用語でいうと「自然堤防」やかつての「中州」にあたります。自然堤防は、氾濫の繰り返しによって川岸にできた堤防状の高まりです。中州は、川の中にできる島状の砂州ですが、川の流れが変わり元の川底が陸地化しても、中州だけ微高地として残ります。どちらもが川が運んできた土砂のうち、粗い物質（砂や砂礫）が堆積するところです。

つまり、千曲川沿岸には「島」のつく地名が多くありますが、そこはかつて河川の増水の度に氾濫が起こった場所であり、氾濫により土砂の堆積が繰り返された場所でもあるのです。この原因は、千曲川と犀川の合流に加えて、「千曲川」の激しい蛇行にほかなりません。千曲川の名前のルーツは「血隈川」という説もありますが、「曲がりくねって流れる」ため、現在のように千曲川と呼ばれるようになったのではないでしょうか。

一九六四年の新潟地震で未曾有の液状化災害をもたらした元凶は、信濃川の川砂でした。千曲川はこの信濃川の長野県での呼称であり、流れ運ぶ土砂のルーツは、信濃川の土砂と同じです。島崎藤村の詩にも詠まれた美しい千曲川も、時には災害の脅威と化すことがあるのです。

名古屋城と液状化

名古屋市の西郊に、庄内川という河川が、ちょうど名古屋中心部の北部と西部をとり囲むように流れています。この川は土砂の運搬量がきわめて多いため天井川と化し、往古よりしばしば決壊して、沿岸の住民を脅かしてきました。とりわけ、現在の県道六七号線の枇杷島橋付近には、かつて枇杷島という大きな中州があり、河水の流れをはばみ、治水の難所となっていました。一六〇〇年代に入り、この枇杷島の左岸三km足らずの地に名古屋城ができると、城下を水害から守るために新たな土木工事が行われました。

しかし、今から四〇〇年以上前のこと、現在のように高く頑丈な堤防を築く技術はありません。尾張藩は苦肉の策として、右岸の堤を低くして、ここを洪水のはけ口として、左岸側の名古屋城下の安泰を図りました。その上、庄内川が増水して危険になると、名古屋城下を水害から守るために、対岸の小田井村の農民に堤を切ることを命じました。小田井村の人々は、堤を切れば自分たちの家や田畑が大被害を受けるので、うわべは一生懸命働いているようなふりをして、実際には能率を上げずに時間稼ぎをしました。余談ですが、このような史実からこの地方では、一生懸命働いているふりをして実際には少しも能率を上げない人（怠け者）を称して、「小田井人足」と呼ぶそうです。

以上のような経緯で、庄内川は右岸の小田井村側で頻繁に氾濫するようになり、そこには大きな自然堤防が形成されるにいたりました。つまり、名古屋城のおかげで小田井村付近には、局所的に庄内川の運んできた砂が厚く堆積してしまったのです。このあたりでは、大地震のたびに液状化が発生しています。

写真3-6は、一八九一年（明治二四年）の濃尾地震の時の被害写真です。付近では地下から噴き出した砂が、民家の屋根に積もったという記録もあります。写真の枇杷島橋の落橋の原因は、河床地盤の液状化であることは想像に難くありません。対岸に建つ民家も軒の線が大きく歪んでおり、かなりの不同沈下が起こっていることがうかがわれます。一九四四年（昭和一九年）の東南海地震の際も、

写真 3-6　濃尾地震による枇杷島橋付近の被害（Milne and Burton, 1892）

写真 3-7　砂入神社（清須市西枇杷島町）（筆者撮影）

このあたりでは液状化の被害が大きかったそうです。

筆者は三〇年ほど前にこの地を初めて訪ねましたが、木造の枇杷島橋は鋼と鉄筋コンクリートの橋となり、木造家屋の建っていたあたりにはマンションがそびえていました。かつての小田井村のあたりを歩くと、河岸にはもう少しで見過ごしてしまいそうな小さな神社がひっそりと建っていました（写真3-7）。名を砂入神社と言います。「砂入（すいり）」とは、本来は河川が氾濫して砂を押し出したところの意であり、これがそのまま地名になってしまったのです。

現在、小田井の地には庄内緑地と呼ばれる遊水地ができ、もはや洪水の危険にさらされることもなくなりました。それとともに「小田井人足」や「砂入」の由来も人々から忘れられようとしています。しかし、水害の落とし子である緩い砂地盤は、いつか大地震の時に猛威をふるうことでしょう。液状化に対する万全の対策を念じてやみません。

酒どころは、液状化どころ？

酒どころで有名な伏見は、京都盆地の南西端、盆地の出口に近いところにあります。盆地の地下水を集めた桂川、宇治川、木津川の三河川はここで合流した後、淀川となって、山崎峡谷を経て大阪湾へ注いでいます。神戸「灘の名酒」が宮水（六甲山麓の扇状地の伏流水）によって育まれてきたように、伏見の酒も三川合流部の山麓からの伏流水の賜です。

ところで、京都盆地には最近地震がないから、地盤の専門家でも液状化なんて無関係、と思ってい

写真 3-8　木津川河床遺跡の液状化跡（寒川旭氏撮影）

る人が多いようです。しかし、京都付近では昔から内陸型の地震が頻発し、盆地自体が大地震の繰り返しによる沈降作用によって形作られてきたと言っても過言ではありません。宇佐美龍夫氏らの『日本被害地震総覧五九九—二〇一二』（二〇一三）という日本における有史以来の被害地震のカタログを見ると、西暦八二七年の地震を皮切りに、三〇余りの地震で京都付近が被害を受けていることがわかります。

中でも豊臣秀吉の居城の伏見城が倒壊したことで有名な文禄五年（一五九六年）の「伏見地震」では、「閏七月一二日夜子刻、京都伏見大地震土裂水湧出大夏居宅及民屋倒れ死する者その数を知れず」（藤林年表）などの記録が残されています。天下の秀吉も寝込みを襲われ、さぞ慌てふためいたことでしょう。

この記録には、「裂水湧出」の場所は具体的に記されていませんが、近年、遺跡の発掘調査に伴っ

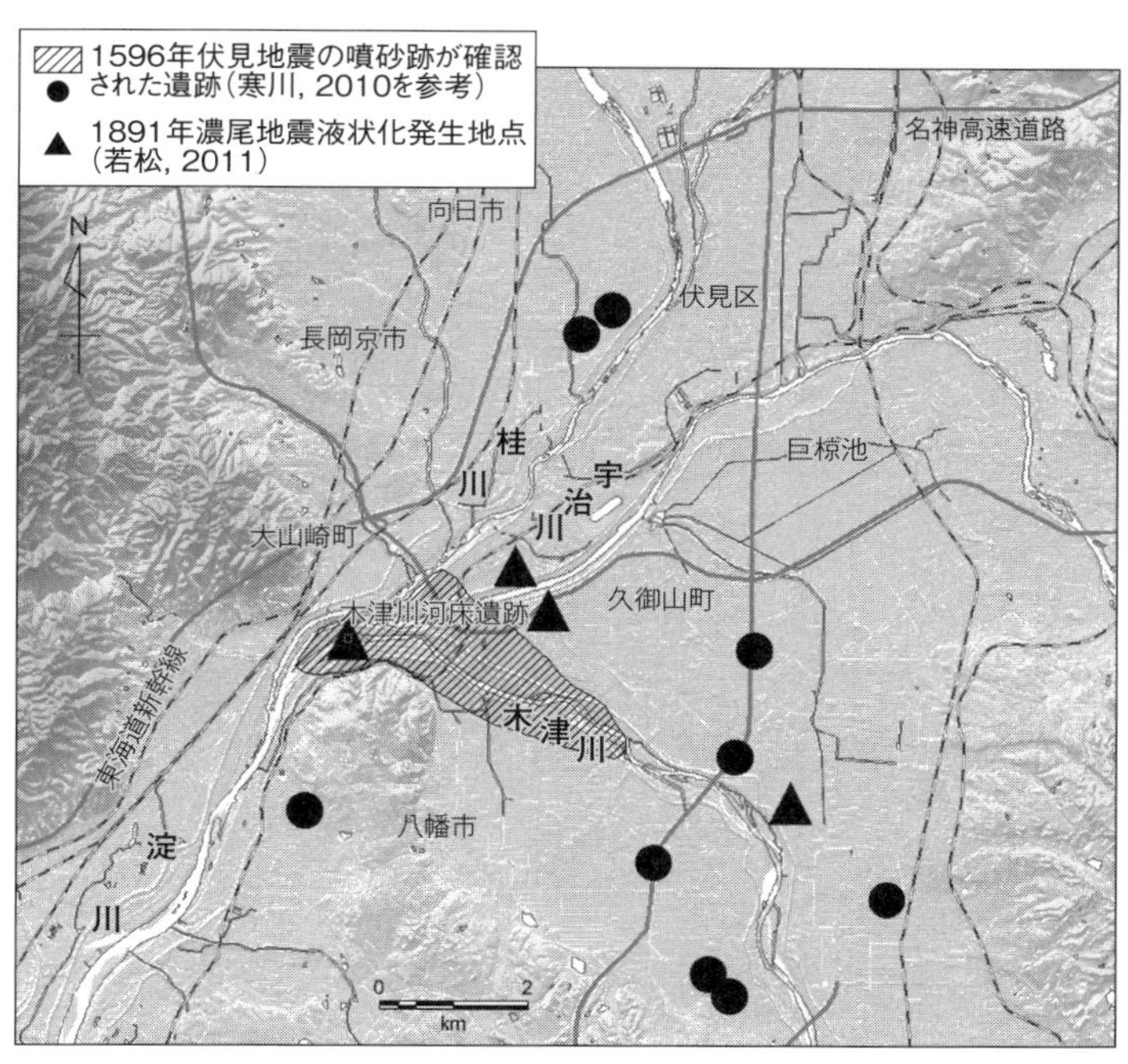

図3-7　京都盆地における液状化発生地点（寒川，2010などに基づき作成，背景図は国土地理院基盤地図情報を使用して作成）

て、この「伏見地震」によると見られる砂脈が次々に見つかっています（写真3-8）。木津川河床遺跡、内里八丁遺跡、羽束師志水町遺跡、門田遺跡などがその一例です。中でも木津川河床遺跡は、三河川が合流する地点の河床に広範囲に発達した遺跡ですが、ここでは最大幅一〇cm、長さ三〇m以上の大砂脈も見つかっています（寒川、一九九二、二〇一〇）。

伏見地震以降、京都盆地では一六六二年、一八三〇年、一八五四年、一八九一年の地震の史料に、噴砂噴水の記録が残されています。これらの一連の地震による液状化履歴地点のうち、伏見付近の地点を図3−7に示しますが、場所はいずれも三河川合流点の近傍です。

河川の合流点が氾濫危険地帯であることは、長野盆地の千曲川の項でも説明しましたが、京都盆地の場合、すぐ下流の山崎峡谷の存在が、洪水にさらに拍車をかけました。豊臣秀吉もここの治水にはとくに心を砕いたようで、数々の堤防工事を行っています。秀吉のつくった「槙島堤」、「淀堤」は、現在でも宇治川の堤防の基盤として横たわっています。

この付近のボーリングデータを見ると、合流点の上流側では液状化しやすい砂が五ｍ、場所によっては一〇ｍも堆積しています。これは前述の河川の合流に加えて、木津川の上流域が花崗岩地帯で砂の供給が多いこと、合流点付近が地殻運動による沈降の中心で凹地形をしているため、土砂が堆積しやすいことが原因と言えましょう。

3.4 海岸砂丘の裾（すそ）・砂丘と砂丘の間の低地

白砂青松と液状化

白砂青松（はくしゃせいしょう）とは、白い砂と青々とした松（主にクロマツ）により形成される、日本の美しい海岸の風景のたとえです。地形的に見ると、いくつかのパターンがありますが、たとえば、社団法人「日本の

図 3-8　砂丘の分布

松の緑を守る会」が選定した「白砂青松一〇〇選」には、砂丘が多く含まれています。砂丘は、風によって運ばれた砂が堆積して形成された丘状の地形で、日本海沿岸や、太平洋岸では鹿島灘、遠州灘沿岸などに分布しています（図３－８）。砂丘砂は粒径が揃った中砂や細砂で、粒径分布から見てきわめて液状化しやすい砂です。砂丘の裾や、砂丘と砂丘の間の低地は地下水位が高いため、とくに液状化を起こしやすい場所と言えます（写真３－９）。

過去の地震で、このような土地での液状化被害の実績は、きわめて多くなっています（図３－９）。最近の例では、新潟県柏崎市から刈羽村の海岸に連なる荒浜砂丘の裾で液状化被害が発生し

写真 3-9　鳥取砂丘の裾に見られる湧き水（筆者撮影）

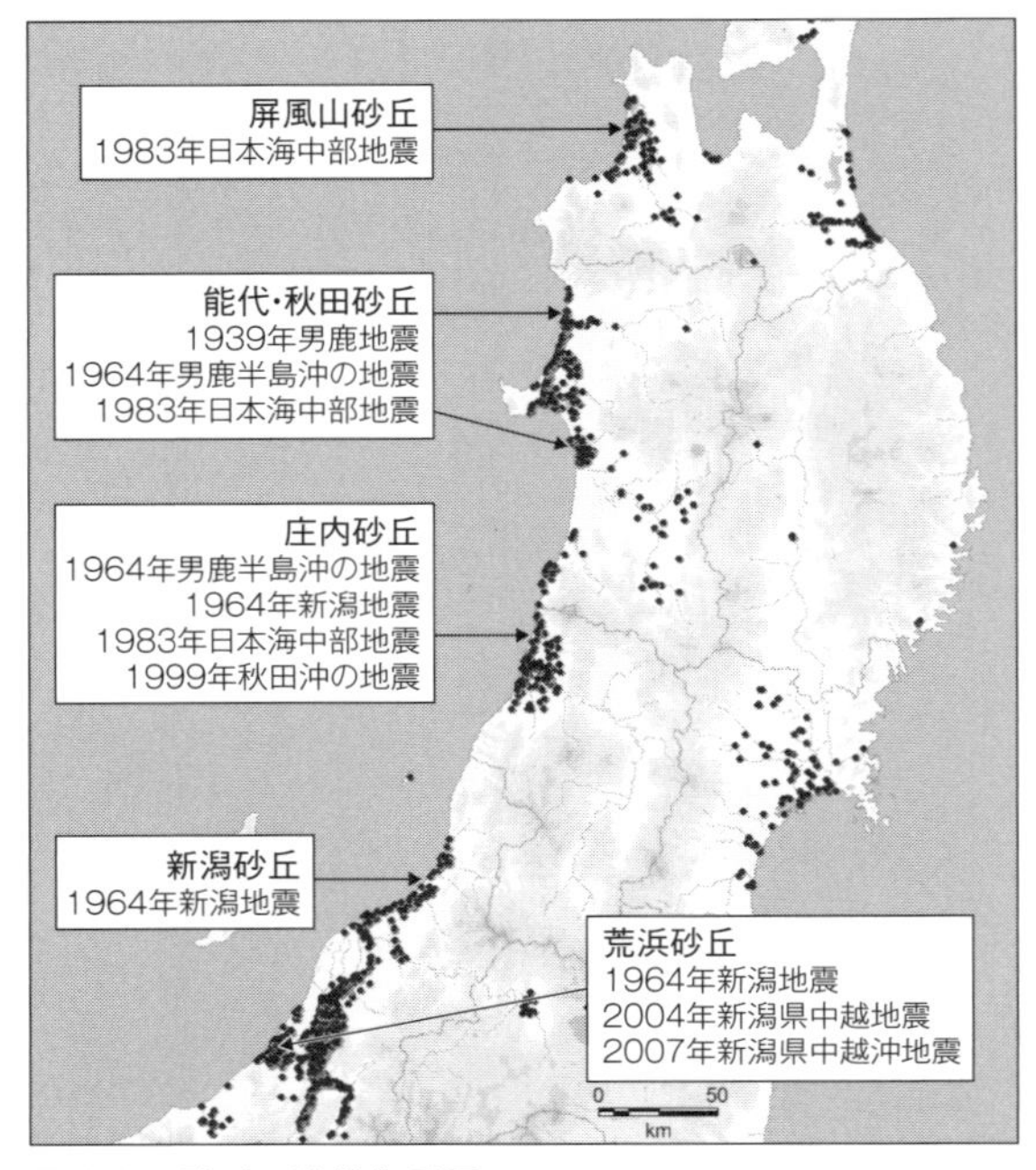

図 3-9　砂丘の液状化履歴

写真 3-10 砂丘緩斜面の側方流動による被害（1983 年日本海中部地震，能代市河戸川大須賀団地）（能代市，1984）

ました。一九六四年新潟地震、二〇〇四年新潟県中越地震、二〇〇七年新潟県中越沖地震の三回の地震で、液状化により多数の家屋が被災しました。東日本大震災では、茨城県の太平洋沿岸の鹿島砂丘の裾で、住宅の甚大な液状化被害が発生しました。

砂丘は緩やかな傾斜地であるため、地盤が液状化すると側方流動が発生して、横方向にもずれ動くため、被害が増大されやすくなっています。一九八三年の日本海中部地震（マグニチュード七・七）の時には、秋田県能代市や男鹿市の砂丘の裾の緩斜面で、きわめて多くの住宅が液状化被害を受けました（写真３‐10）。

砂丘地帯での液状化危険地帯の見分け方

海岸砂丘として鳥取砂丘がよく知られていますが、鳥取砂丘のように植生のない砂丘は珍しく、大部分は植林による防風林で覆われているため、「砂丘」

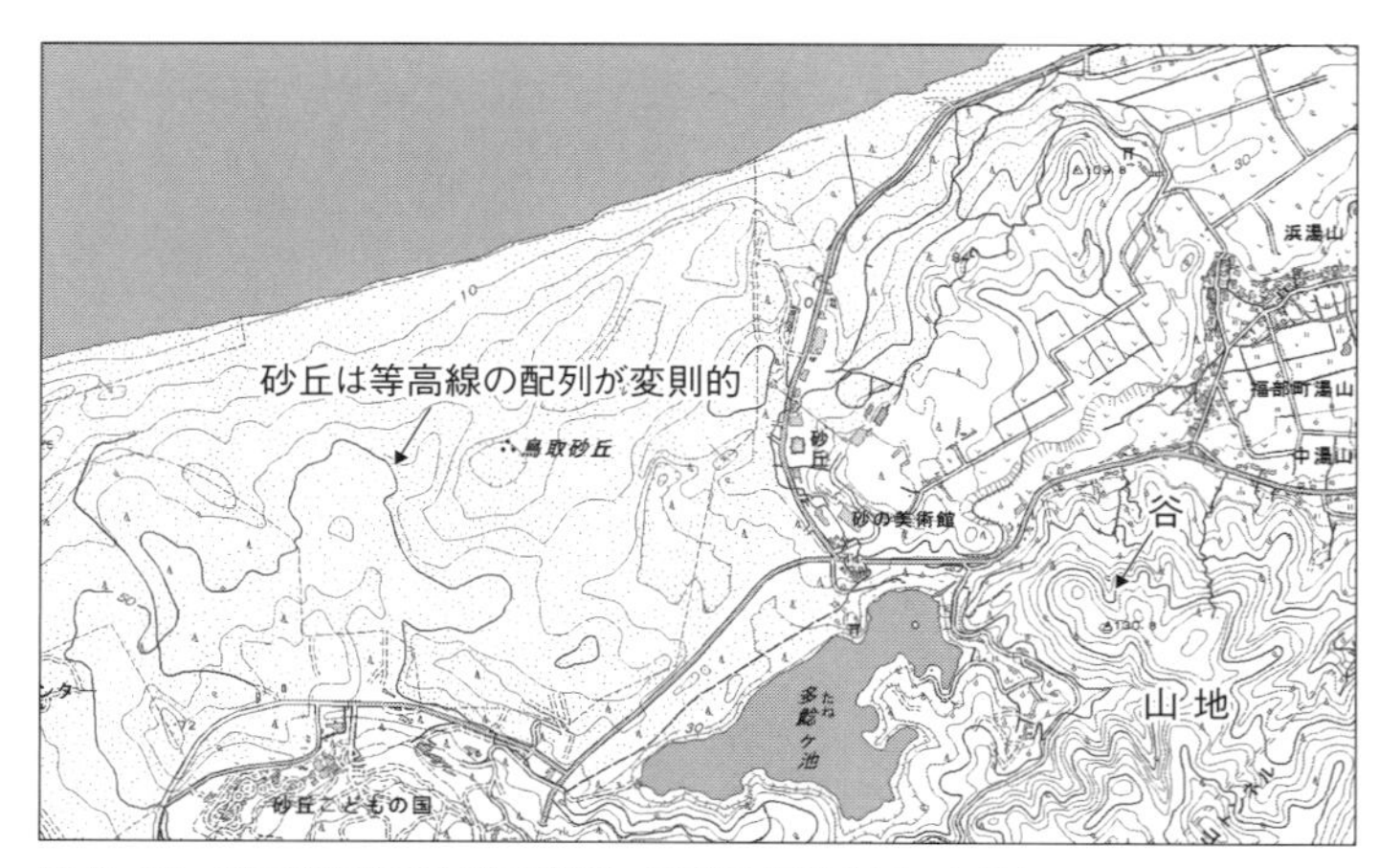

図 3-10　砂丘地帯の地形の特徴（地理院標準地図に加筆）

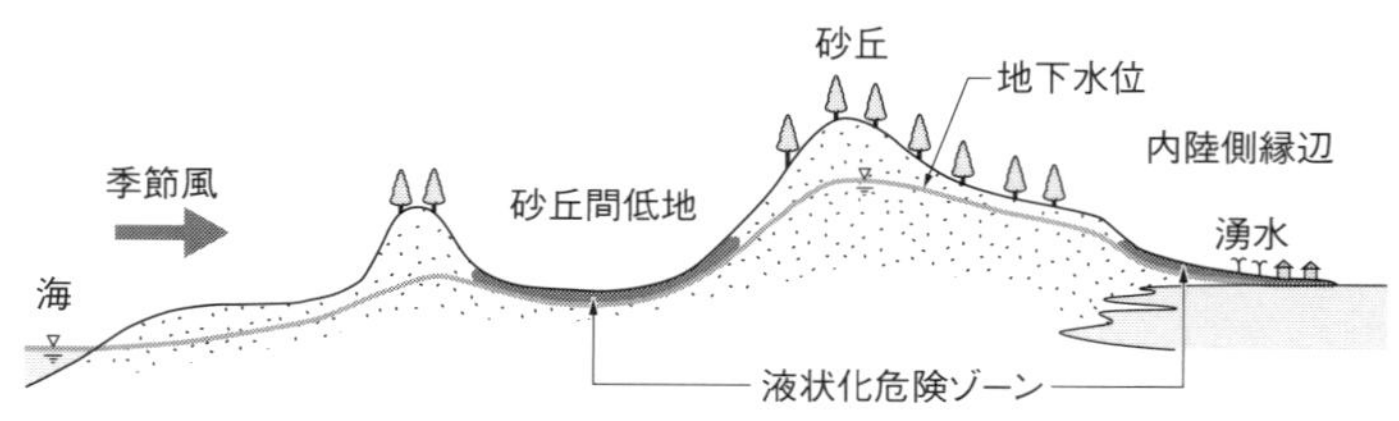

図 3-11　砂丘の模式断面と液状化危険ゾーン

の存在は地元以外では意外に知られていません。

規模の大きいことで知られる山形県の庄内砂丘は、南北約三三km、東西幅約一・五〜三km、最高点の標高は約七七mです。青森県の岩木川河口の十三湖から南に連なる屏風山砂丘も、南北約三〇km、東西三〜五kmの大規模な砂丘で、最も高いところで標高は七八mもあります。これらの砂丘の表面は、砂漠の砂のようにサラサラしているため、強風が吹き荒れると一夜にして大量の砂が移動し、砂津波と言って家が砂で埋もれてしまったこともあったようです。このため、人々は生活を守るために砂丘に植林をして防風林・防砂林を整備してきました。

　砂丘の存在は地元ではよく知られているので、わざわざ調べる必要はないかも知れませんが、等高線が記入されている地形図を見ると、砂丘の地形を見分けることができます。一般的な山地や丘陵は平行した等高線が密に入っており、谷地形がところどころ見られます。これに対して、飛砂で形を変えてきた砂丘は、等高線の入り方が変則的で、谷は見られないのが特徴です（図3-10）。

　図3-11は砂丘の断面を模式的に描いたものです。古砂丘と言われる古い時代に形成された砂丘を除いて、砂丘の表面は緩い砂が堆積しています。これは風で運ばれた砂がふわっと軟着陸して堆積したためです。砂丘の砂に粘土や粗い砂や礫が混じっていないのは、粘土には粘性があり粒子がバラバラになって風で大量に運ばれることはないため、粗い砂や礫は粒子が重く風で遠くまで運ばれることはないためです。

　地下水位は標高の高い部分では深いですが、砂丘の裾や、砂丘と砂丘の間の低地（砂丘間低地、堤間低地と呼びます）では浅く、液状化が最も起こりやすい地盤条件となっています。砂丘の裾や砂丘間低地のすべてが危ないというわけではなく、砂丘の地下水の湧き出し口があるようです。過去に液状化が繰り返し起こった山形県の庄内砂丘の遊佐町江地字出戸や、新潟県荒浜砂丘にある刈羽村稲場などは、湧き水が多い地区でした。湧き水の有無を念入りにチェックしましょう。

写真 3-11　三保の松原（筆者撮影）

生い立ちが違うもう一つの白砂青松

砂丘と見た目が似ている地形に「砂州」があります。文字通り砂地盤ですが、砂丘とは生い立ちが全く違います。砂丘は風が形成した砂地盤ですが、砂州は沿岸流や波によって運ばれた砂や礫からなる地形です。二〇一三年に富士山とともにユネスコの世界文化遺産に登録された、静岡県の三保の松原が砂州の代表例です（写真3-11）。山部赤人が詠んだ「田子の浦ゆ うちいでて見れば ましろにぞ 不尽のたかねに雪は降りける」に登場する田子の浦の海岸も砂州です。[8] 砂州と似た地形に砂嘴[6]や浜堤[7]があり、専門的には砂州と区別していますが、土地条件図など一般的な地形分類図では、総称して砂州と分類しています。

砂州は、沿岸流や打ち寄せては返す波によって締め固められているので、砂丘の砂に比べて締まっています。また、強い沿岸流は砂礫も運ぶことができるため、

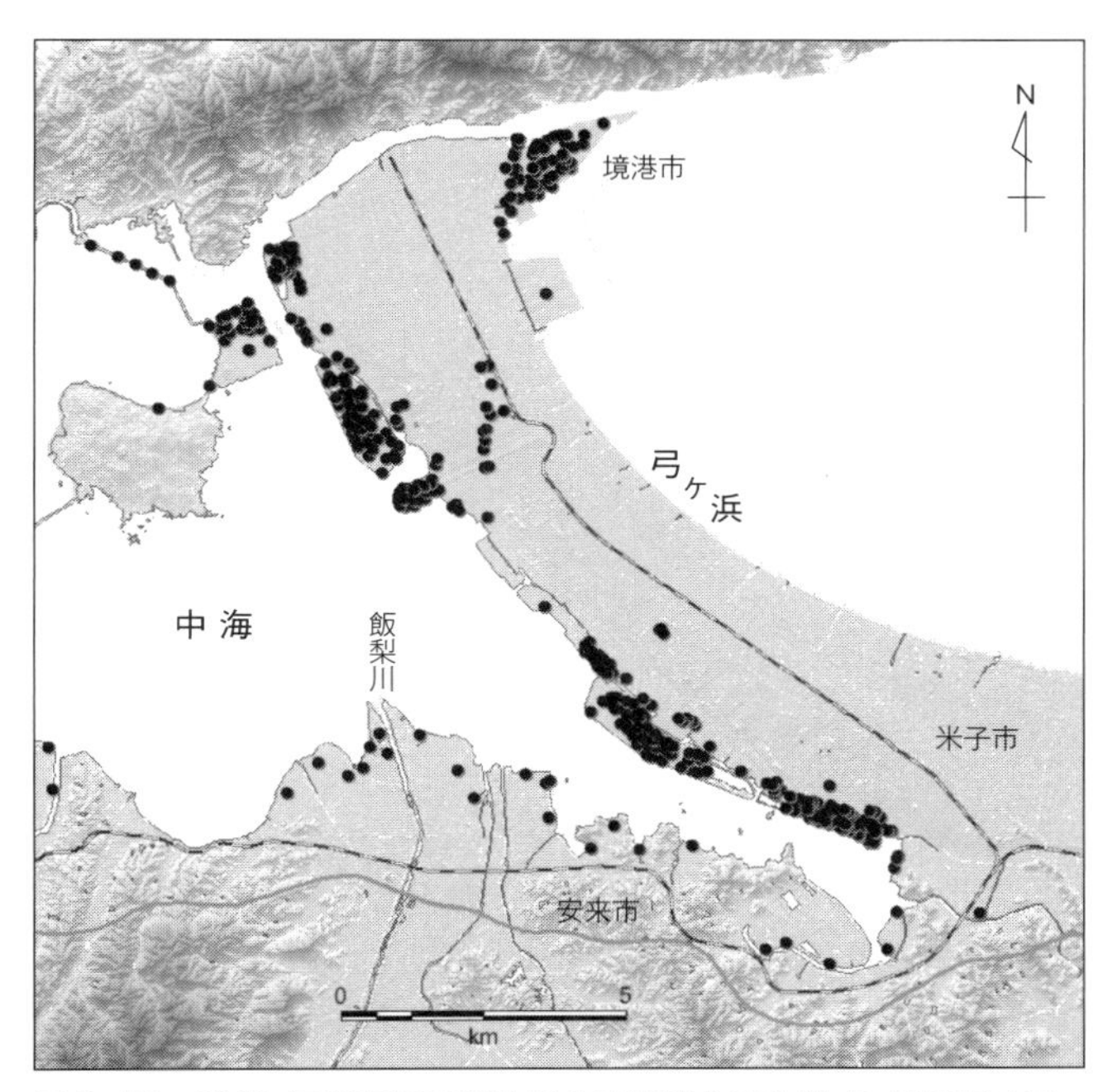

図 3-12　2000 年鳥取県西部地震よる液状化発生地点（背景図は国土地理院基盤地図情報を使用して作成）

砂州の地盤にはたいてい砂礫が含まれています。したがって、液状化が発生する可能性も低いと言えます。

二〇〇〇年の鳥取県西部地震では、米子市から境港市にまたがって連なる砂州の弓ヶ浜で液状化が多数発生しました（図3-12）。ただし、この時に液状化したのは、沿岸部の弓ヶ浜の干拓地や埋立地ばかりで、内陸部の砂州では、人

［6］　岬などの先端から海に向かって細長く突き出た砂礫の州。
［7］　波によって打ち上げられた砂や礫が堤状に堆積した地形。
［8］　嘴がさらに伸びて湾や入り江を塞ぐように対岸まで達した地形。

工改変地盤を除いて液状化は起きませんでした。

3.5 砂鉄や砂利を採掘した跡地の埋戻し地盤

日本刀と液状化

日本刀は、日本固有の鍛冶製法によって作られた刀類で、美術品として今やブームとのこと、海外でも大変人気があるそうです。世界に誇る質の高い鋼でできた日本刀が発達したのは、日本が世界有数の砂鉄の産地であることと密接に関係しています。

日本刀の材料となる鋼は、日本独自の製鋼法である「鑪(たたら)製鉄（たたら吹き）」で造られます。諸外国の鉄鉱石を原料とする製鋼法とは異なり、原料に砂鉄を用いることで低温での高速還元を実現し、さらには近代的な製鋼法に比べて不純物の少ない砂鉄を原料として使うため、良質の鋼を得ることができるそうです（日立金属）。以前、評判になったアニメ映画「もののけ姫」にも鑪で鉄を吹いている場面が出てきました。戦国時代の英雄毛利元就が活躍した中国地方の山間部が鑪の本場なのです。

有史以来の液状化地点を調べていた筆者は、ほかの地域の液状化発生地点とは異なる事例に遭遇しました。一八七二年（明治五年）の浜田地震です。ほかの地震の液状化は、平野や盆地に起こっていましたが、この地震による噴砂の記録は、震源に近い島根県浜田市の海岸部や出雲平野のほかに、山

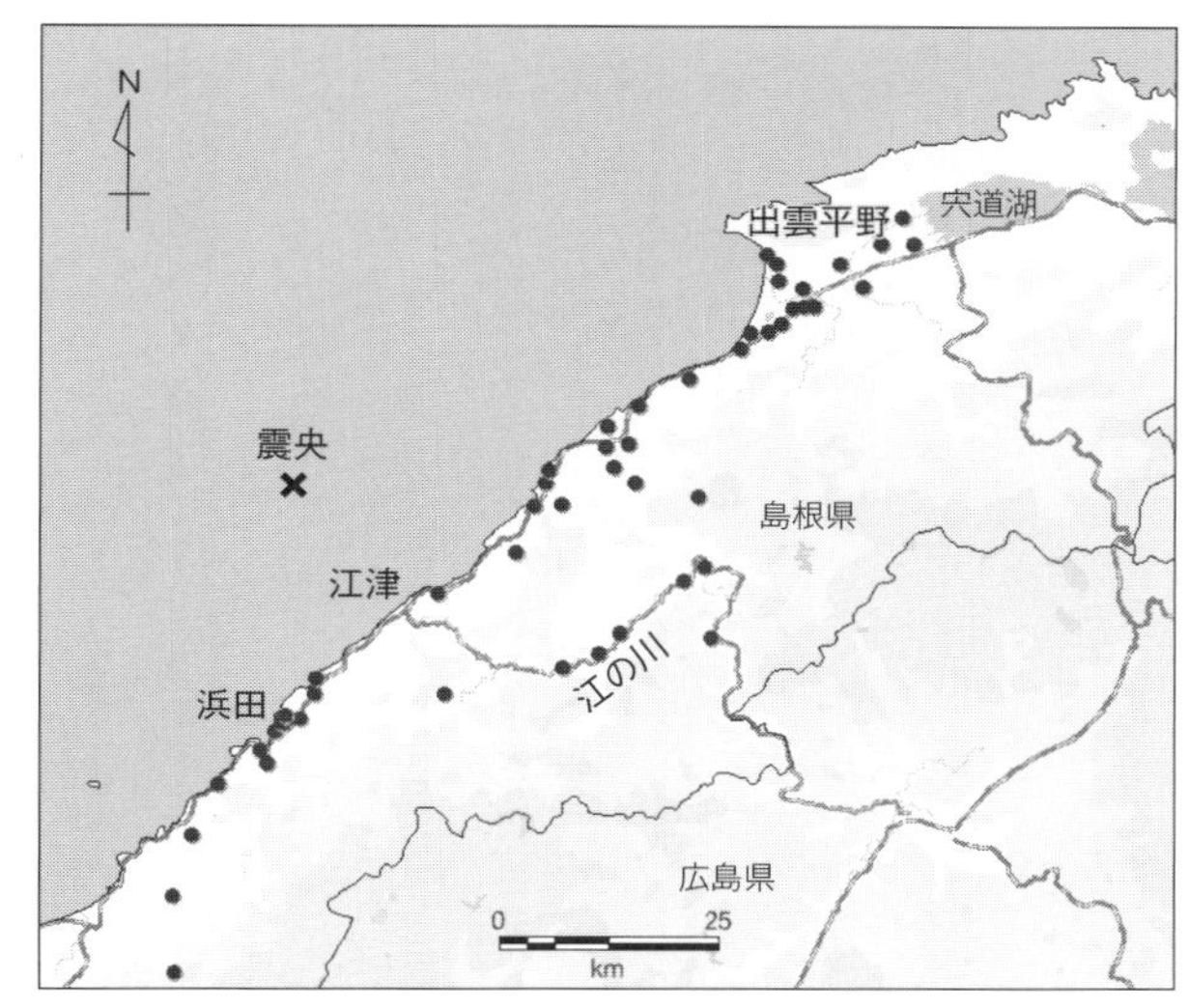

図 3-13　1872 年浜田地震による液状化発生地点

写真 3-12　砂鉄を含む斜面を崩している様子（昭和 20 年代撮影）（日立金属安来製作所鳥上木炭銑工場提供）

間部の江の川沿岸にあるのです（図3‐13）。山地に挟まれ低地をもたない江の川沿いに、噴砂の記録があるのは奇異でした。

地域の地史を調べていくうちに、江の川は、島根県東部の神戸川、斐伊川などと並んで、江戸時代に「鉄穴流し」が盛んに行われた流域であることがわかりました。前述の鑪製鉄では、材料となる砂鉄を採取するために、風化花崗岩の山地に流水をかけて大がかりに切り崩し、不要な砂は鉄穴流しと呼ばれる方法で川に垂れ流していました（写真3‐12）。流されたこの大量の砂が下流域に堆積し、平野の拡大を加速させたと考えられています。「垂れ流された砂」、これで、山間の江の川沿岸の液状化の謎が解けました。明治初頭の地震のことで、筆者の推論が正しいか証明するすべもありませんが、溜飲が下がる思いがしたものです。

黒い砂の謎

鉄穴流しが行われた山陰地方の山地だけでなく、日本の海岸の各地では一九六〇年代ころまで砂鉄の採掘が盛んでした。とくに明治以降は、近代化を急ぐわが国において、製鉄は国家的事業として進められてきましたが、原料となる鉄鉱石の埋蔵量が乏しいことから、砂鉄を原料とする製鉄が各地で行われました。

砂鉄の採掘は露天掘りで、深さ五～一〇mの穴を掘り、選鉱機で砂鉄だけ取り出した後、掘った砂を埋め戻して原状復旧する方法がとられていました。埋め戻す時に締固めも行われないため、砂鉄採

写真 3-13 砂鉄採掘跡地での液状化（2011 年東日本大震災，旭市後草）（萩原工務店撮影）

掘跡地の地盤はきわめて緩い砂地盤となっています。

千葉県の九十九里浜の北部、旭市も昭和四〇年代まで砂鉄の採掘が盛んだった地域の一つで、はじめのころは波打ち際で採掘され、戦後、護岸堤防が建設されると内陸側に移動していき、田畑・宅地の過半は採掘が行われたとのことです。この地域では、一九八七年千葉県東方沖地震の際に、砂鉄採掘跡地の埋戻し地盤で液状化被害が発生しました。

二〇一一年の東日本大震災では、一九八七年の被災地と同一地区を含む、さらに広い範囲で甚大な液状化被害が起きました。旭市における液状化被害家屋数は約七五〇棟でしたが、その大部分が砂鉄採掘跡地を宅地に転化した土地とのことです。写真3-13は東日本大震災の時の液状化の様子です。砂鉄を取り出した跡地といっても、噴き出した砂はまだどす黒い色をしています。白砂青松ならぬ、黒砂青松の地域は要注意です。

砂鉄採掘跡地での液状化被害は、一九六八年の十勝沖地震の際に青森県三沢市の海岸地帯や、一九九三年の北海道南西沖地震の際には長万部市内で発生しています。

砂利採掘の跡地での液状化

旭市の利根川を挟んで北側の神栖市や鹿島市でも、砂鉄の採掘と同様なことが行われています。神栖市や鹿島市は、建設・建材用の良質な砂利の産地として全国的に有名であり、現在でも市内各所で採取が行われています。砂利はサンドポンプで浚渫され、粒径別に選別されます。深さは八〜一〇m程度で、掘削後は粘土や瓦礫などが混じった砂として埋め戻されているとのことです。

写真3-14は、東日本大震災の後に筆者が撮影した砂利採取現場の写真です。掘削した穴には地下水が溜まり、池のようになっています。このような池を砂で埋め戻したら海や池の埋立地盤と同じです。

噴砂が五〇cm以上も積もり、新築の住宅が大きく傾いた神栖市深芝地区は、この砂利の採掘跡地の埋戻し地盤を宅地化した地区です（写真3-15）。この地区の砂利は、造園用などに天然玉砂利として珍重されています。また、一九六二年に着工された鹿島港建設用にも、砂利が大量に採取されたとのことです。

同様な砂利採掘跡地の埋戻し地盤での液状化は、東日本大震災の時に青森県の奥入瀬川沿岸の農地でも起きています。奥入瀬川沿岸では昔から砂利の採取が盛んだったとのことです。ある農地の持ち

写真 3-14　砂利採掘の現場（茨城県神栖市）（筆者撮影）

写真 3-15　砂利採掘跡地の液状化被害（2011 年東日本大震災，神栖市深芝）（筆者撮影）

主によれば、「東日本大震災で広い範囲に噴砂があり田んぼが三〇cm位沈下しました。ここでは一九九四年の三陸はるか沖地震でも液状化し、この時は約一mも沈下したんです」とのことでした。一mも沈下したとは、よほど緩い砂が厚く堆積していたと想像できます。

砂利採掘の跡地での液状化例は、二〇〇四年新潟県中越地震の際に、長岡市の信濃川沿岸の水田地帯で広範に発生しました。また、前述の弓ヶ浜の砂州でも、深さ六〜七mまで砂を採取していた場所を埋め戻して宅地に造成した場所で、二〇〇〇年の鳥取県西部地震で住宅三〇棟余りが局所的に被害を受けました。最近では、**第1章**でものべたように、二〇一六年の熊本地震で甲佐町や嘉島町でも起きています。

砂鉄や砂利を採掘した跡地の埋戻し地盤の見分け方

以上のような砂鉄や砂利の採掘跡地を探し当てるのはきわめて難しく、地元情報に頼らざるを得ません。採掘は休耕田などを利用して短期間で掘削が行われるため、地形図には情報が残りません。**第1章**の熊本地震の例で紹介したように、掘削時にたまたま空中写真の撮影が行われると、掘削現場が写されていることもありますが、網羅的に調べることはできません。

ただ、このような掘削は昔からの住宅地で行われることはないため、明治・大正・昭和期の地形図を比較してみて、昔から変わらず宅地（地図記号で「樹木に囲まれた居住地」）となっているような場所では、採掘が行われなかったと見て良いでしょう（図3-14）。最近の掘削地は、自治体の産業課

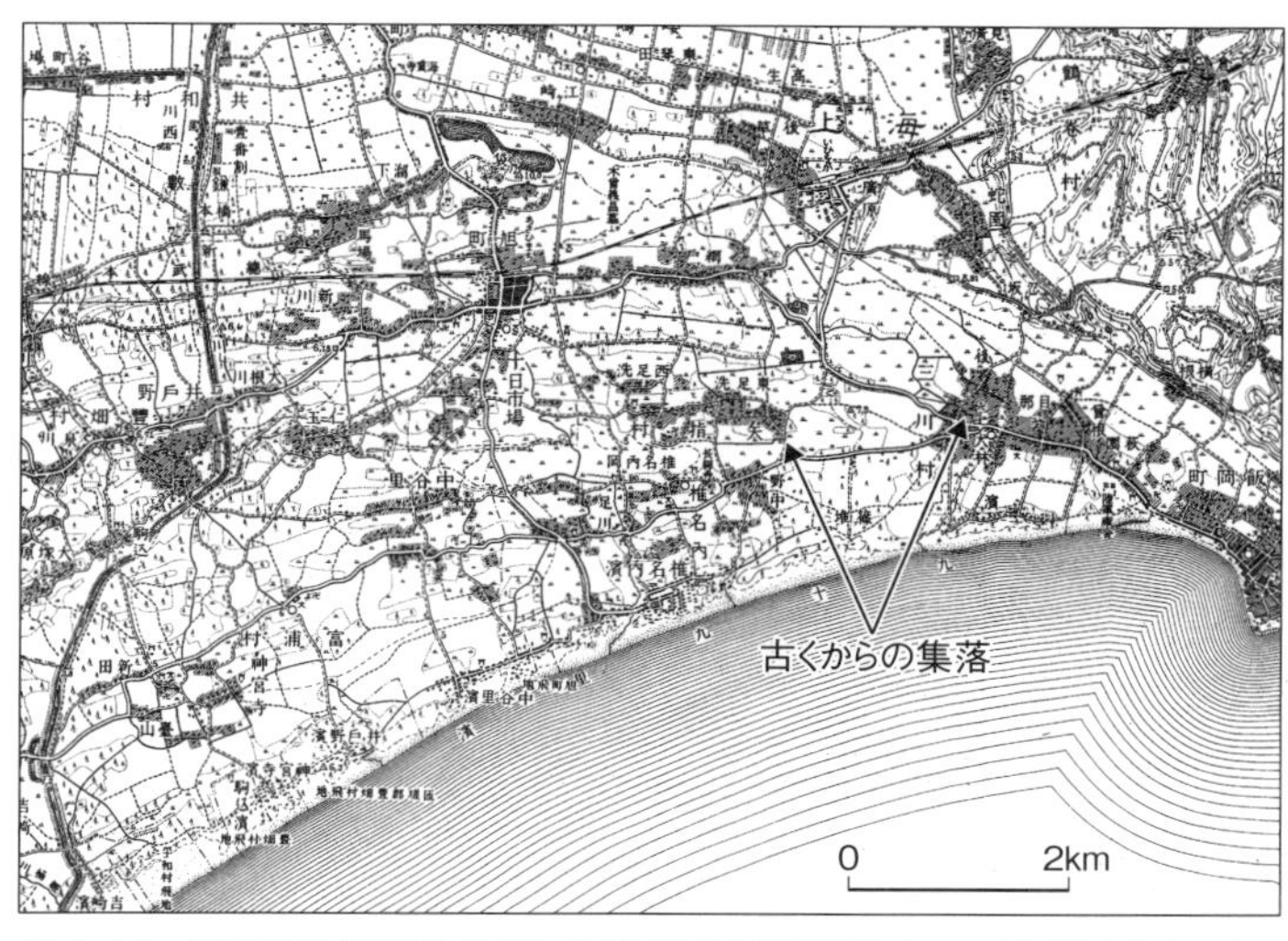

図 3-14　砂鉄採掘が行われていた地域の旧版地図（1/5 万地形図「八日市場」1930 年に加筆）

や地元の砂利採取業共同組合などでわかる場合もあります。

3.6　谷埋め盛土の造成地

丘なのに谷？

液状化が起こらないと一般には考えられている丘陵地帯の造成地でも、谷埋め盛土部分で液状化が起こることがあります。このタイプの液状化被害は、2.7節でも紹介した四回の地震で液状化した釧路市緑ヶ岡や、二〇〇三年十勝沖地震の際に札幌市清田区美しが丘などで見られました（写真3-16）。清田区は震源地から二五〇kmも離れており、札幌市では震度四でした。住民の話では、この地区は地震前から地盤沈下がじわじわと進行していた

写真 3-16　札幌市清田区美しが丘の被害．両側の住宅がお辞儀をするように傾いている（2003 年十勝沖地震）（J建築システム撮影）

ようで、盛土の締固めが不十分だったり、盛土の下の粘性土層が圧密沈下を起こしていたと推測されます。

二〇一一年の東日本大震災でも、関東地方の千葉県などの台地や仙台市の丘陵地帯の造成地をはじめとして、宮城県山元町、白石市などでも液状化被害が見られました。

町名に「台」や「丘（岡）」がついても、必ずしも台地や丘陵の地山に立地しているわけではないことにも注意が必要です。

谷埋め盛土造成地の見分け方

丘陵や台地などの傾斜地の地形をよく見ると、斜面に谷や沢が走っているのがわかります。宅地化する場合、急斜面や谷底には家は建てられないことから、尾根などの出っ張った斜面を切り崩して、その土で谷や沢を埋め、ひな壇状に宅地を造成します。

(a) 現在の地形図（国土地理院標準地図）

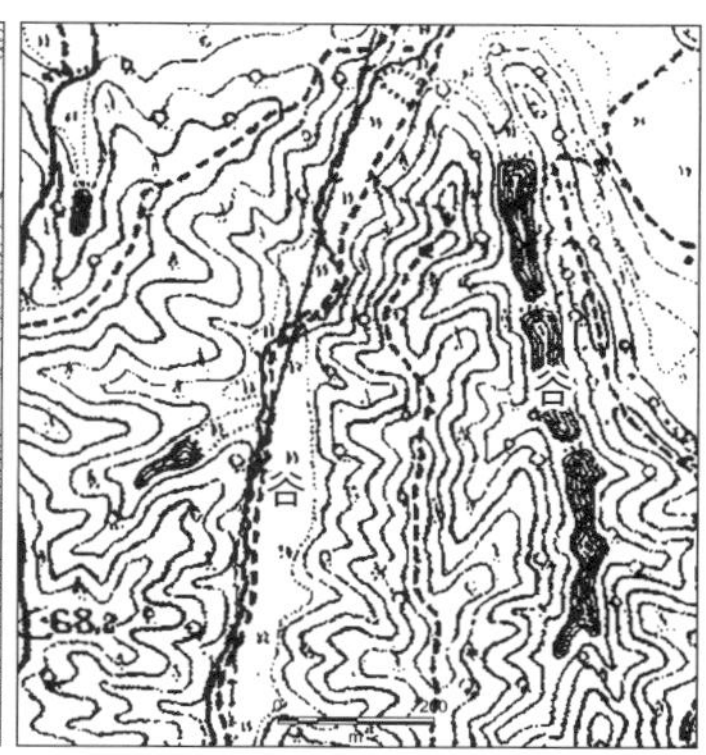

(b) 1/2.5万地形図「仙台東北部」1930年

(c) 国土地理院空中写真（1961年4月20日撮影，MTO612-C12-21）

図3-15　谷埋め盛土の見分け方

地山を削った部分は安全ですが、谷の部分は元々地下水や雨水の通り道のため、地下水位が高く、埋土が十分締め固められていないと、地すべりや液状化が発生することがあります。造成後の地形から谷筋を見分けることはできませんが、水路や池がある場合は谷筋である証拠です。

詳しくは、造成前と後の地形図と重ね合わせて、地山か盛土か判断します。その際、両方の地図の縮尺を合わせないと造成前の地形の読み取りが困難ですが、最近では、**第4章**で紹介する「地理院地図」の中で、過去に撮影された空中写真と現在の地形図の重ね合わせが容易にできるようになりました。

図3-15(a)は、丘陵地帯の造成地が多いことで知られる仙台市の造成地です。この地域では、二〇一一年の東日本大震災で宅地地盤のすべり・崩壊や液状化が多く見られました。図3-15(c)は、同じ地域の一九六一年の空中写真です。濃い色の地域が森林、帯状に薄い色の地域が谷で、水田として利用されています。すべりや液状化は谷だった地区で発生しました。

最近では国土交通省の宅地耐震化推進事業の一環として、自治体から「大規模盛土造成地マップ」が公表されている地域もあり、これを利用して谷筋を見分けることもできます。これについては**第4章**で解説します。

3.7 過去に液状化が起こった土地

液状化履歴地点は、将来の液状化の旗印

過去に液状化が起こった地盤は締め固まり、再度液状化する危険は少ないと考えている人は多いようですが、実際には再液状化をする可能性が高いことは、第1章や第2章でのべました。これは、液状化時に離ればなれになった砂粒が、液状化後に必ずしも隙間なく密に再堆積するわけではなく、地下水で攪拌されて再び緩い地盤を形成するためです。

また、液状化が起きた場所の周囲には、同様な液状化が起こりやすい地盤条件をもつ土地が広がっていることが多いのです。こうした意味でも、過去の液状化履歴地点は、将来の液状化発生のフラグ（旗印）とも言えるでしょう。ここでは再液状化の事例として、北海道森町の砂礫地盤における被害例を紹介します。火山地帯の特殊地盤ですが、条件さえ揃えば液状化被害がこんなところでも起こることを知っていただきたいと思います。

駒ヶ岳の噴火がもたらした再液状化

大阪の広告代理店に勤めていた夏坂幸彦さんは、一五年前に故郷の北海道に戻り、駒ヶ岳の麓、標高一六〇m余りの大沼国定公園の一角でペンションを営んでいました（写真3-17）。ペンションを新築して二年目の夏、一九九三年七月一二日夜半に、夏坂さんは今まで体験したことのない大きな地震の揺れに見舞われました。日本海に浮かぶ奥尻島を襲った津波が二〇〇余名の命を一瞬のうちに奪っ

写真 3-17　液状化被害を受けた夏坂さんのペンション．中央の玄関付近が 11 cm 沈下して建物全体がたわみ，基礎のコンクリートが割れた（1993 年北海道南西沖地震，北海道森町）（地震直後に筆者撮影）

た北海道南西沖地震（マグニチュード七・八）です。

建物がきしむ音や棚から食器が落ちる音が不気味に響きわたり、揺れが止まるまで、それは長く感じられました。揺れがようやくおさまり、家族で外へ脱出しようとしたところ、ドアが開きません。建物がゆがんでしまったのです。仕方なく、居間の窓から飛び降りると、庭から水が一〇cm位噴き出しているのが見えました。その時は水道管の破裂か湧き水しか頭に浮かびませんでしたが、この水とともにおびただしい量の灰色の砂がペンション周囲のいたるところで噴き上がったことに気づいたのは、翌朝のことでした。

木造二階建ての瀟洒なペンションの磨き上げられた床は、ことごとく斜めに傾き、建具はゆがみ、壁紙はほとんど破れてしまいました。どうしてこんな災難が降りかかったのか、夏坂さんにとってまさに晴天のへきれきでした。素人目にもどうやら液状化現象が起こったらしいことは理解できましたが、液状化は埋立地のような軟弱地盤で起きると、テレビか何かで言っていたのを思い出しました。でも、ここは標高一六〇ｍの高原で、一ｍもある岩がゴロゴロしているような硬い地盤です。しかも、被害を受けたのは夏坂さんのペンションだけではありません。森町赤井川地区だけで、地盤とともに沈んだ家は四九軒、被害はどうやら隣の七飯町にも及んでいるようでした。

夏坂さんはどうしても納得がいきませんでした。「よし、自分の手できっと究明してみせる」、持ち前の負けん気と好奇心の強さが頭をもたげました。何のつてもありませんでしたが、地元北海道をはじめとして各地の大学や役所に電話をかけて、専門家に相談したのは、地震から三日後のことでした。

夏坂さんの熱意によって、高原の硬い地盤で液状化が起こったとのニュースは、たちまち専門家の間に伝わり、次々と調査団が訪れました。専門家たちは、今までに液状化の経験がないタイプの地盤で大々的に液状化が起こったことに首を傾げ、とうとう大がかりな調査が、電力中央研究所という機関によって行われることになりました。地上に噴き出した砂の供給源を掘って突き止めるトレンチ調査、地下の地層の成り立ちを調べるボーリング調査、地層の硬さを調べる標準貫入試験と弾性波速度検層、地下の地層を乱さずに採取する凍結サンプリング、凍結試料の液状化しやすさを調べる室内液状化試験、地下の地層の種類と広がりを推定するための電気探査、液状化した地層の堆積年代測定などなど。これら一連の調査で、次のことが明らかになりました。

液状化したのは、この地域の地下一ｍ以深に堆積している、駒ヶ岳の噴火に伴う岩屑なだれ堆積物であり、この地層は約二二〇〇年前に堆積したと推定されるいわゆる沖積層であることがわかりました。岩屑なだれ堆積物は、重量の約八〇％が直径二㎜以上の礫からなる砂礫地盤で、ところどころ直径一ｍにも及ぶ大きな岩塊も含まれていました。しかし、礫と礫の間に充填されている砂は非常に緩い堆積構造で、液状化抵抗が小さく、北海道南西沖地震の際の揺れで十分液状化しうることが、凍結試料を用いた液状化試験で実証されました。

こんな地盤でも、地下水位さえ低かったら液状化の影響は小さかったのですが、この付近は山すその湧水帯にあたるため、スコップでちょっと掘っただけでも水が出るような、ゼロメートル地帯なみの水位だったのです。一見例外のように見えた高原の液状化事例も、緩く堆積した砂と浅い地下水位という点では、ほかの液状化の発生地域と同じでした。しかも、過去の液状化の履歴をたどっていった結果、森町内では一〇年前の一九八三年に発生した日本海中部地震の時も、液状化が起きていたことがわかりました。大事にいたらなかったため、そのことを知っている住民もほとんどいませんでした。

夏坂さんはその後、専門家のアドバイスで、ペンションをジャッキで持ち上げ、建物直下の土を液状化しにくい砕石で置き換えるなど、液状化が再び起こらないような処置をした上で、よりしっかりとした基礎に造りかえました。大きな出費を余儀なくされましたが、もう地震も液状化もこわくありません。翌年の夏には前にもまして大勢の泊まり客を迎えたそうです。

第4章——土地購入前にチェック——液状化発生の可能性

4.1 液状化の可能性をさぐるための各種資料

住宅を建てるために土地を購入したり、ある土地の土地利用を計画したりする際に、その土地に液状化が起こる可能性があるかどうか、あらかじめ知っておきたいという要求が高まってきています。その場所に液状化が起こりそうな地層が存在するかどうかは、**第6章**でのべるボーリング調査などの地盤調査を行い、液状化が起こりうる土（緩い砂がちの土）が存在するか否か、存在する場合はその深さや厚さなどを調べる必要があります。

しかし、このような調査は土地購入前に行うことはできません。土地選びの段階で、まず以下の(1)～(3)を行うと良いでしょう。

(1) 液状化危険度マップを確認する。
(2) 過去に液状化の履歴があるか否かを確認する。
(3) 地形や土地利用履歴から液状化が起こりやすい土地か否かを判断する。

以下では、(1)〜(3)について解説するとともに、液状化が起こりやすい土地か否かを判断するための各種資料について紹介します。

4.2　液状化危険度マップ

液状化危険度マップは、「液状化予測図」「液状化被害マップ」「液状化ハザードマップ」「液状化防災マップ」などの名称で公表されており、地震でその土地が揺れた場合の液状化の危険（影響）の度合いを、地図上に色づけして塗り分けたものです。その地域の約五〇mから一km四方の土地を一つのメッシュとして、危険度を三段階くらいに分けて評価したものが多く、地域の液状化の危険性がどの程度あるかを知ることができます。

地震の揺れの強さの仮定の仕方として、「震度五強」のように、対象地域全域が一定の強さで揺れた場合を想定しているものと、震源と地震のマグニチュードを想定した地震（たとえば、内閣府の中央防災会議が想定している首都直下地震など）が起きた場合、その場所がどれだけ揺れるかを計算して、その揺れによる液状化危険度を表したものの二とおりがあります。最近作成される液状化危険度マップは、後者のタイプが多くなっています。どちらのタイプであっても、液状化危険度マップは、想定されている地震の揺れの強さによって変わるものであることを認識しておく必要があります。

液状化危険度マップは、都道府県や市区町村単位で作成され公表されているものが多く、以前は紙地図が主流でしたが、現在は自治体のホームページでも多く公開されています。国土交通省のホームページ「ハザードマップポータルサイト」[1]の中で、全国の各種のハザードマップを容易に探すことができます。

液状化危険度マップは、液状化危険度の地域的傾向を見るために作成されたものが多く、個々の宅地の液状化危険度を表しているものではありません。このため、メッシュ表示のマップで自分の家の場所の液状化危険度を見ようとした時には、非常に見づらくなっています。また、やっと探し出したわが家の場所が、二つのメッシュの境界にまたがっていたりすることもあります。どちらの危険度を信用すれば良いのかと迷うより、危険度が高い方と考えて、液状化に備えた方が賢明でしょう。

二〇一一年東日本大震災では、千葉県我孫子市の以前沼があったところで局所的に甚大な液状化被害が発生し、この沼地での液状化危険度が、市が作成した五〇ｍメッシュ四方の液状化マップに反映されていなかったことが問題視されました。沼地は三カ所あり、最も大きい沼は幅約一〇〇ｍ、長さ五〇〇ｍの大きさでしたが、このような局所的な土地履歴は液状化危険度マップ作成の際には調査されません。とくに、地盤・土質調査に基づく方法で作成された液状化危険度マップの場合は、代表地点の地盤資料を用いて液状化危険度を計算するため、昔沼地や川であった場所などの情報は、液状化危険度には反映されていないと考えた方が無難です。

以上のような液状化マップの不具合を解消した先進的なマップの例として、東京都と北陸地方の液状化危険度マップを以下に紹介します。

東京都では、一九八七年三月に「東京低地の液状化予測」を刊行しました。その後、多摩地域や港湾地域を含めた東京都全域での液状化予測図を作成し、二〇〇六年三月より広くホームページで公開してきました。東日本大震災を契機に防災や減災に対する社会的な要請が高まってきたことと、近年ボーリングデータの蓄積量が増加したことから、東京都全域での液状化予測図の見直しを行い、改訂版が二〇一三年三月より公開[2]されています。

図4-1(a)に、東京都の液状化予測図（西部の山岳地帯を除く全域）を、図4-1(b)にその拡大図の一例を示します。図4-1(b)の地域では、ボーリングデータを用いた計算結果から「液状化の可能性が高い」または「液状化の可能性がある」と判定されています。また、図4-1(c)に示されるように、一九二三年関東大地震の際に「激しい液状化が発生した」という情報が得られていることから、この場所を含めて「液状化の可能性が高い地域」と判断しています。

この予測図の大きな特長は、液状化予測図のほかにも、多くの主題図（液状化判定図、土地条件図、水系図、砂層分布図、地下水位分布図、沖積層基底等深線図、各種縮尺地形図画像など）が用意されており、任意の主題図と液状化予測図をweb GIS上で重ね合わせて閲覧できることです。たとえば、土地条件図や明治・大正期の水系図と重ね合わせることにより、昔、沼地、川、海だったか否か

［1］　国土交通省ハザードマップポータルサイト：http://disaportal.gsi.go.jp/
［2］　東京の液状化予測図　平成24年度改訂版：http://doboku.metro.tokyo.jp/start/03-jyouhou/ekijyouka/

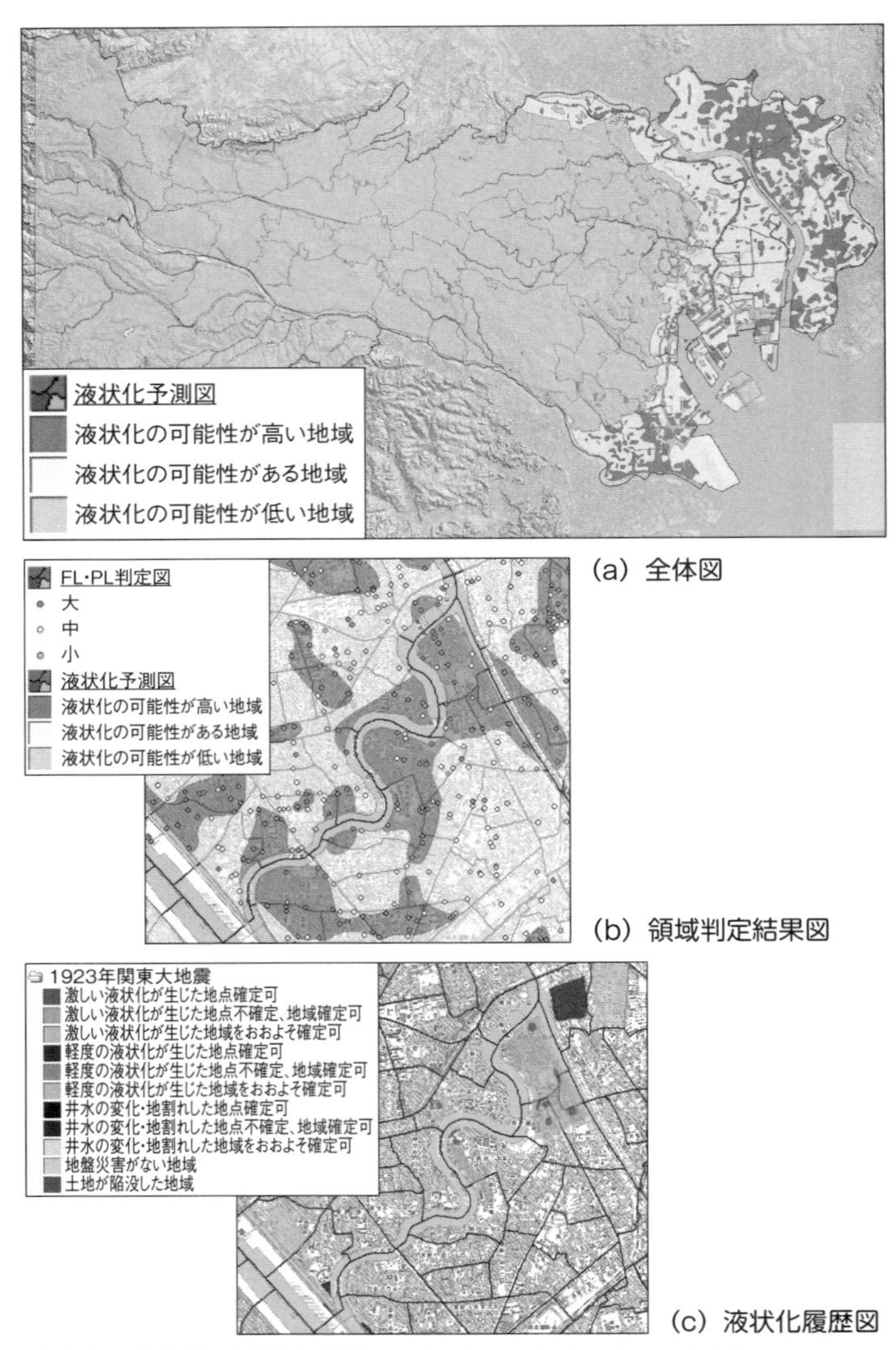

図 4-1　東京都の液状化予測図（東京都土木技術支援・人材育成センター, 2013）

も確認できます。液状化の可能性だけでなく、ほかの災害の観点からも有用な予測図と言えます。

国土交通省北陸地方整備局が、東日本大震災の後に整備・公開した「北陸の液状化しやすさマップ」も、先進的な液状化危険度マップです。このマップには、web GIS版と冊子版があり、ともにウェブサイト[3]で公開されています。北陸三県（新潟県、富山県、石川県）を対象として、統一的な手法で作成されているのが特長です。旧河道などの微地形やボーリングデータの解析による液状化の起こりやすさと過去の液状化履歴地点を重ね合わせることにより、液状化しやすさを多角的に予測する手法で作成されているのです。したがって、これまでのハザードマップのような市町村境界での予測結果の不整合がありません。背景図として、各種地形図のほか、土地条件図や空中写真を表示させることができます。県ごとに解説書が公開されており、県下を襲った地震と液状化履歴、県下の地形・地質が解説されているため、地域の地震被害や地形・地質についての理解を深めることもできます。

4.3　液状化履歴マップ

わが国で液状化と見られる現象が最初に記録されている地震は、西暦七四五年の地震であることは2.5節でものべたとおりです。七四五年から二〇〇八年までの地震による液状化が発生した履歴のある

［3］　北陸の液状化しやすさマップ：http://www.hrr.mlit.go.jp/ekijoka/

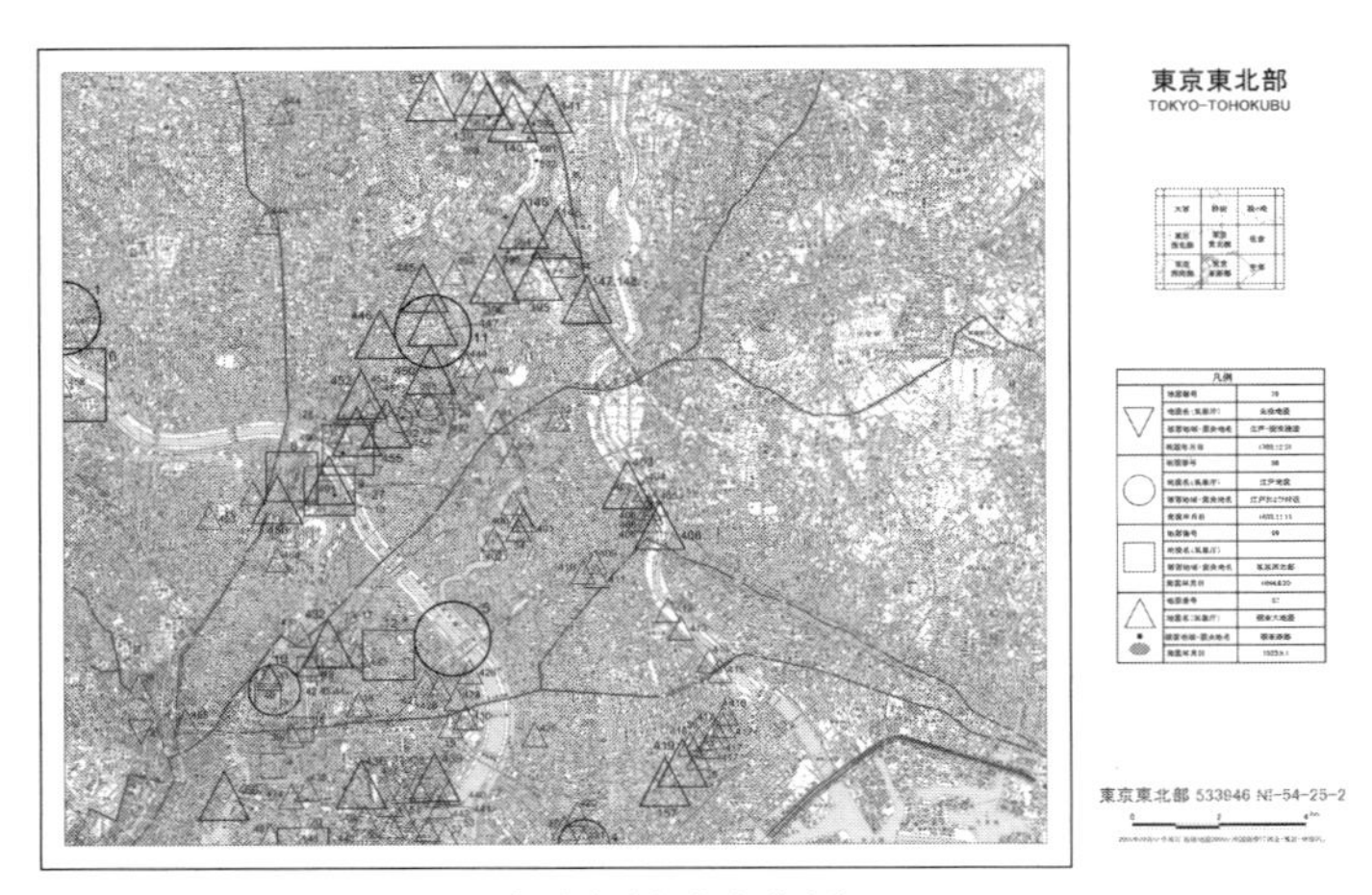

図 4-2　液状化履歴マップの例（東京東北部）（若松，2011）

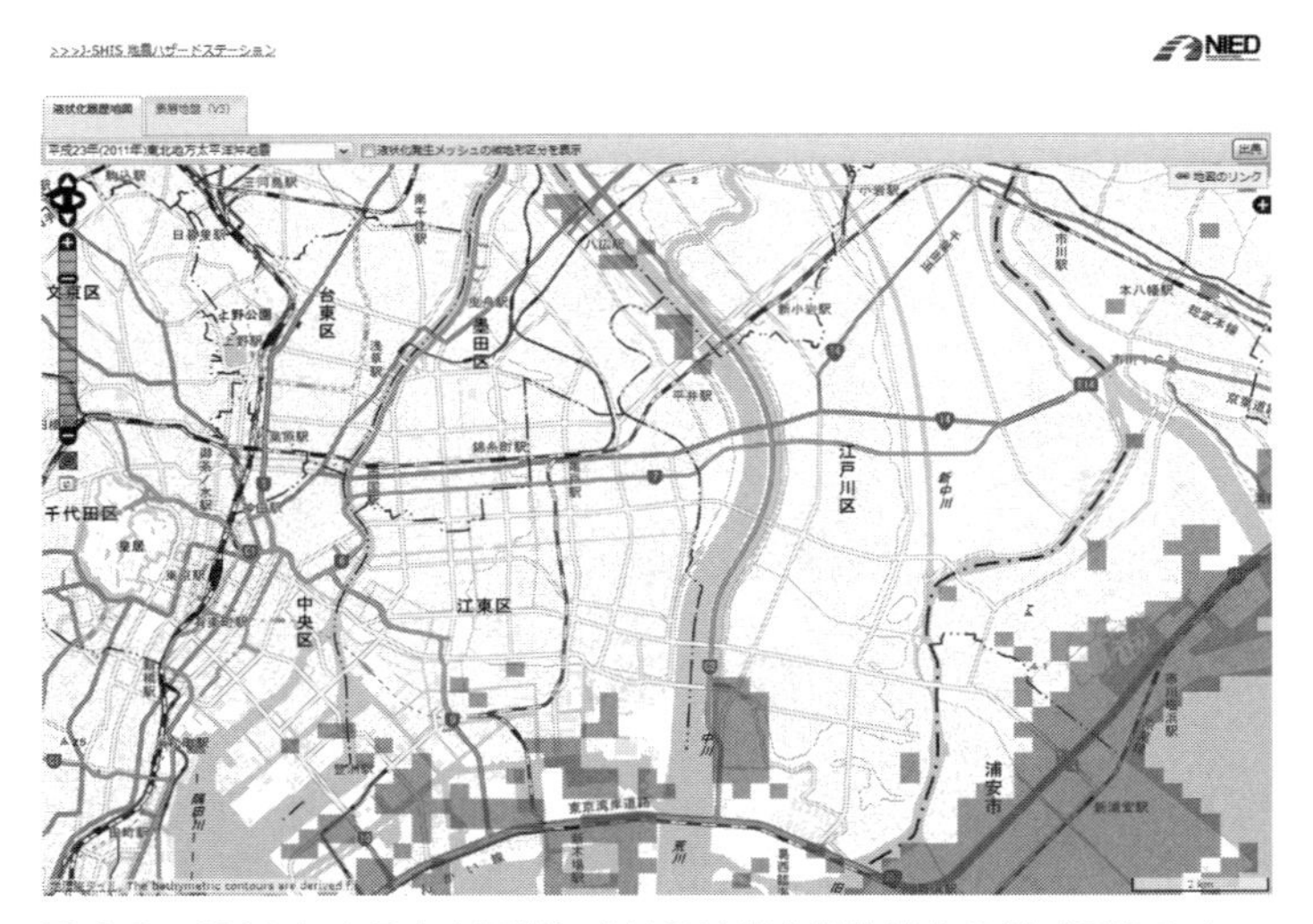

図 4-3　2011 年東日本大震災における液状化発生地点の例（灰色のメッシュ）（防災科学技術研究所：地震ハザードステーション，液状化履歴地図，http://www.j-shis.bosai.go.jp/labs/liqmap/）

地点は、拙著『日本の液状化履歴マップ七四五–二〇〇八』(若松、二〇一一)に網羅されています。DVD版の地図集になっており、インデックスマップがついているので、全国の液状化履歴を地図上で容易に確認することができます。

図4–2は、東京東北部の液状化履歴図です。この地域では、古くは、元禄地震(一七〇三年)、安政の江戸地震(一八五五年)、明治二七年(一八九四年)の東京湾北部地震、そして大正一二年(一九二三年)の関東大地震で液状化が起きたことがわかります。

二〇〇八年以降に発生した二〇一一年東日本大震災と二〇一六年熊本地震による液状化発生地点は、国立研究開発法人防災科学技術研究所が運営する地震ハザードステーション(通称J–SHIS)のホームページJ–SHIS labs[4]から、「液状化履歴地図」として二五〇mメッシュ単位で公表されています。一例として図4–3に、東京都南東部から千葉県西部にかけての地域の液状化発生地点を示します。図4–2の地域では、東日本大震災でも液状化が発生している地区があることがわかります。

4.4　地形分類図・土地条件図・微地形区分図

地形分類とは、地形を形態、成り立ち、性質などから分類したもので、その土地が山地か台地か低地か、また同じ低地の中でも高燥な土地か、低湿な土地かなどを区分したものです。地形分類の最小

[4]　J–SHIS labs 液状化履歴地図:http://www.j-shis.bosai.go.jp/labs/liqmap/

表 4-1　公表されているおもな地形分類図

名称	作成機関	作成範囲	公開場所（ウェブサイト）
地形分類図(1/5万国土基本調査)	経済企画庁・国土庁・都府県	北海道を除くほぼ全国(一部未刊行)	国土調査のページ（国土交通省国土情報課） http://nrb-www.mlit.go.jp/kokjo/inspect/landclassification/land//l_national_map_5-1.html
地形分類図(土地履歴調査)	国土交通省国土政策局国土情報課	仙台，東京，埼玉・千葉，近畿，中部，中国，四国，九州，の人口集中地区(続刊中)	国土調査のページ（国土交通省国土情報課） http://nrb-www.mlit.go.jp/kokjo/inspect/landclassification/land/land_history_2011/index.php
土地条件図	国土交通省国土地理院	首都圏を中心に全国大都市圏周辺および中部地方から四国沿岸地域	地理院地図（国土地理院） https://maps.gsi.go.jp/
治水地形分類図	国土交通省地方整備局・北海道開発局	国が管理する河川の流域のうちおもに平野部	地理院地図（国土地理院） https://maps.gsi.go.jp/
1 km メッシュ微地形区分図 250 m メッシュ微地形区分図	個人	日本全国	1 km メッシュは若松ほか(2005) 250 m メッシュは地震ハザードステーション（防災科学技術研究所） http://www.j-shis.bosai.go.jp/
大規模盛土造成地マップ	地方公共団体	盛土をした土地の面積が 3000 m^2 以上であるなどの特定の条件の造成地	県や地方公共団体ホームページ

表 4-2 微地形の解説（日本建築学会住まい・まちづくり支援建築会議復旧・復興支援 WG，2015 に加筆）

微地形		微地形の定義・分類基準	
分類	細分類	地形的位置・特徴	都市化以前のおもな土地利用
谷底平野	扇状地型谷底平野	主として山地・火山地に分布する川沿いの幅の狭い沖積低地のうち，縦断勾配が急で砂礫堆積物からなるもの.	畑・水田
	デルタ型谷底平野	主として丘陵・台地に分布する川沿いの幅の狭い沖積低地のうち，縦断勾配が緩やかで砂泥質の堆積物からなるもの.	水田・畑
扇状地	扇状地（沖積錐を含む）	河川が山地から沖積低地に出るところに形成される扇状～円錐状の砂礫よりなる堆積地.	果樹園，桑畑，畑
	緩扇状地	扇状地のうち，平均縦断勾配 1/1000（0.057 度）程度以下のもの.	畑，水田
自然堤防	自然堤防	河川により運搬された土砂のうち粗粒土（おもに砂質土）が河道沿いに堆積して形成された帯状または紡錘形の微高地.	畑，桑畑，集落
	自然堤防縁辺部・比高の小さい自然堤防	同上．自然堤防のうち，比高 1 m 以下の部分.	畑
	蛇行州（ポイントバー）	蛇行河道の凸岸側にできる湾曲した帯状または半円状の微高地.	畑，果樹園
後背湿地		自然堤防・砂州・砂丘背後の沼沢性起源の低地	水田
旧河道		過去の河川の流路または池沼で，低地一般面より 0.5～1 m 低い凹地.	水田，荒地
旧池沼		過去の池沼の跡.	水田，荒地
湿地		低地域のうち排水不良地，湧水地点付近，旧河道.	水田，荒地
河原	砂礫質の河原	扇状地型谷底平野・扇状地における現河川の流路沿い.	荒地，果樹園
	砂泥質の河原	デルタ型谷底平野・低地一般面における現河川の流路沿い.	荒地，畑，水田

微地形		微地形の定義・分類基準	
分類	細分類	地形的位置・特徴	都市化以前のおもな土地利用
三角州（デルタ）		河川河口部に形成される沖積低地で，低平で主として砂ないし粘性土よりなる地形．	水田
砂州・砂礫州（浜堤・砂堆を含む）	砂州	波や潮流の作用により汀線沿いに形成された中密ないし密な砂からなる微高地．過去の海岸沿いに形成され，現在は内陸部に存在するものもある．	針葉樹林，畑，集落
	砂礫州	波や潮流の作用により汀線沿いに形成された密な砂礫からなる微高地．過去の海岸沿いに形成され，現在は内陸部に存在するものもある．	針葉樹林，畑，集落
砂丘	砂丘	風により運搬され堆積した細砂ないし中砂が表層に堆積する連続した丘状の地形．一般に砂州上に形成される．	針葉樹林
	砂丘末端緩斜面	砂丘の裾の緩傾斜地．	畑，集落
海浜	海浜	海岸の波打ち際の砂地．	砂浜
	人工海浜	海浜のうち，人工的に造成した砂浜．	砂浜
砂丘間低地		砂丘の間の低地．表層は風成砂よりなるが，その下位は腐植土や粘性土で構成されることが多い．	畑，水田
堤間低地		砂州の間の低地．表層は風成砂よりなるが，その下位は腐植土や粘性土で構成されることが多い．	畑，水田
干拓地		浅海底や湖底部分を沖合の築堤と排水により陸化させた土地．標高は水面よりも低い．	水田，塩田
埋立地		水面下の部分を埋土により陸化させた土地．標高は水面より高い．	工場・商業用地，宅地
湧水池点（帯）		地下水が地表に自然に湧き出している地点．	湿地，水田
盛土地		低い土地や斜面に土砂を盛り上げて高くして作った平坦な土地．	湿地，水田

単位は、微地形とか微地形区分などと呼ばれており、微地形の平面分布を図化したものが地形分類図です。最近では、液状化予測や、さまざまな土地や地盤に関わる安全性の評価に利用されています。作成目的や分類基準によって数種類の地形分類図が作成・公表されており、代表的なものとその特徴を表4-1に掲げます。これらの地形分類図は、作成機関によって分類基準や分類名が異なる場合もありますが、おもな微地形の定義と都市化以前の土地利用は表4-2に示すとおりです。

五万分の一国土基本調査の地形分類図

五万分の一国土基本調査は、一九五四年から国土調査法に基づき進められてきた調査で、国土地理院発行の縮尺五万分の一地形図を基図として、土地利用の現況、土地の自然条件（地形、表層地質、土壌など）などを調査し、地図と簿冊にとりまとめたものです。この中に地形分類図が含まれています。国が作成した、縮尺が大きい地形分類図の中では、全国を最も広くカバーしていますが、都府県単位（北海道はごく一部を除いて未作成）で作成しているため、県によって地形分類の基準や地形の凡例が少し異なります。

土地履歴調査の自然地形・人工地形分類図

二〇一〇年から調査が進められている土地履歴調査の一環として作成されている地形分類図は、上記の五万分の一国土基本調査の地形分類図の分類基準が都府県によって異なる不具合を解消し、地域にかかわらず統一基準で分類されています。また、自然地形と人工地形の両方を確認することができます。たとえば、同じ盛土地でも、盛土をした元の地形は、旧河道だったか氾濫原低地だったかを区別することができます。このような情報は、液状化に限らず災害危険度を評価する上では最も重要です。

土地履歴調査では、地形分類図のほかに、災害履歴図（水害、液状化など地震災害、土砂災害など）や、大正期と昭和四〇年前後の土地利用図も作成されており、昔の土地利用（池、湿地、田、森林など）もわかるため、地盤条件の良し悪しを判断するヒントになります。

土地条件図

土地条件図は、防災対策や土地利用・土地保全・地域開発などの計画策定に必要な土地の自然条件などに関する基礎資料を提供する目的で一九五〇年代から作成されており、おもに地形分類の分布を詳細に図化したものです。また、この図には地形分類のほかに、盛土地・埋立地・平坦化地・切土地などの人工地形の区分もされており、防災分野での活用を狙っています。

大部分の図幅で、人工地形の元の地形（前述の旧河道や氾濫原低地など）の表示がないところが残念なところです。平成二二年度から平成二四年度に首都圏を中心とした地域について、人工地形を更新した図幅が整備・公開されています。

治水地形分類図

治水地形分類図は、治水対策を進めることを目的に、国が管理する河川一〇四水系の流域のうち、おもに平野部を対象として八五四面が作成されています。扇状地、自然堤防、旧河道、後背湿地などの詳細な地形分類に加えて、水位観測所や水門などの河川工作物などが盛り込まれた地図です。昭和五一～五三年度に作成された旧版と、平成一九年度から作成が進められている（完成年度は二〇一九年の予定）更新版があり、両方公開されていますが、更新版の利用をお勧めします。河川管理に最も重要な旧河道が丁寧に抽出されていることも特長の一つです。

一㎞メッシュおよび二五〇ｍメッシュ微地形区分図

表4-1の下から二段めの微地形区分図は、ほかの四種類の地形分類図が領域表示であるのに対して、約一㎞四方のメッシュ（国の統計に用いる標準地域メッシュ）と、二五〇ｍ四方のメッシュのデータです。日本全国の地形・地盤条件を二四種類の微地形区分に統一的に分類し、国の統計データや国土数値情報[5]などの数値データとの重ね合わせや、防災システムなどに導入可能なデジタルデータになっています。作成範囲は、北方四島（北方領土）、島根県竹島、沖縄県の尖閣諸島、東京都の沖ノ鳥島を含む全国土をカバーしています。

このデータは、筆者が中心になって、最初に一㎞四方ごとのデータとして作成し、『日本の地形・

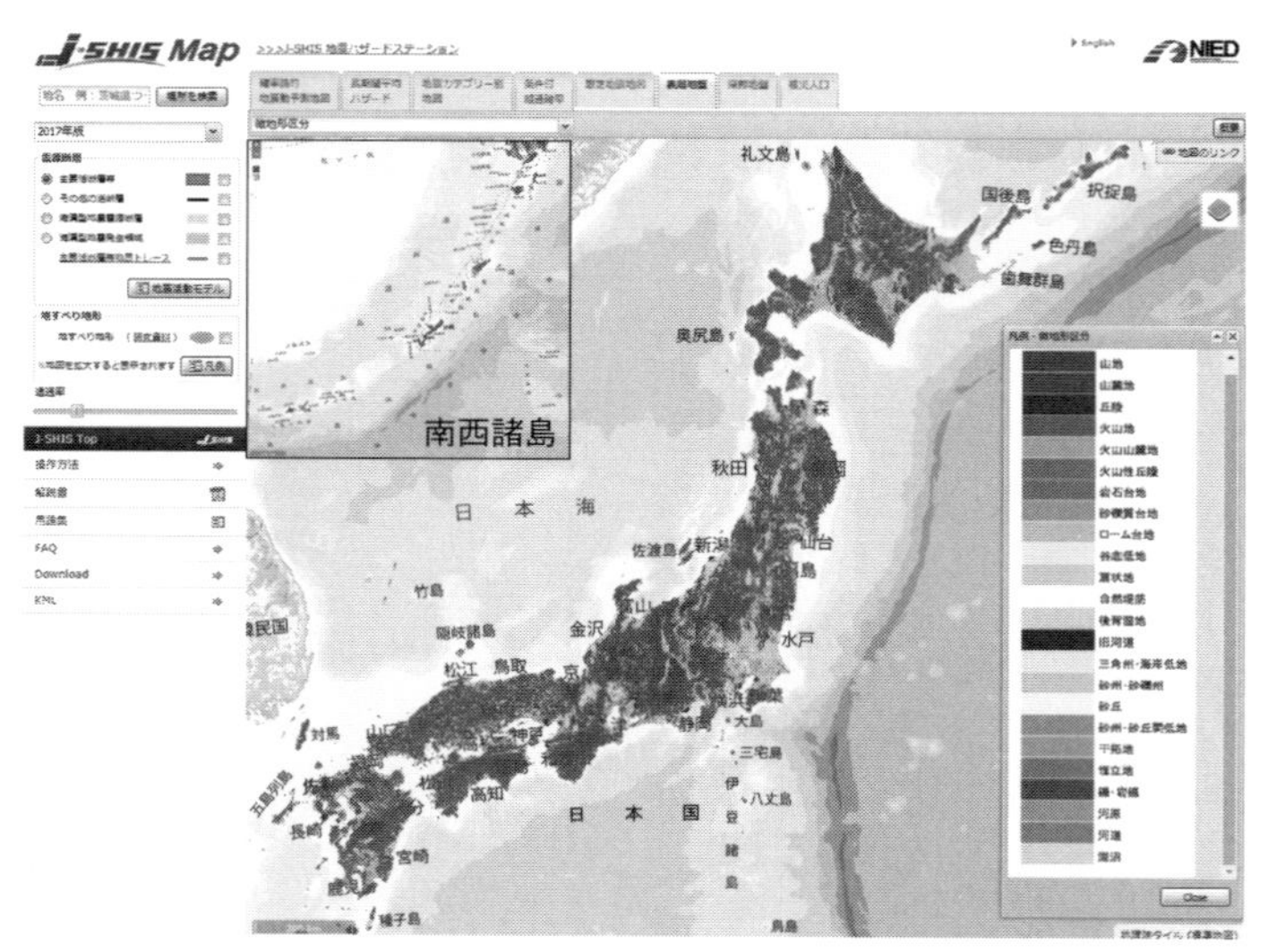

図 4-4　J-SHIS から公開されている地形・地盤分類 250 m メッシュマップ（微地形区分）（防災科学技術研究所：地震ハザードステーション，表層地盤，http://www.j-shis.bosai.go.jp/）

地盤デジタルマップ』（若松ほか、二〇〇五）として公表されました。構築のきっかけになったのは、一九九五年に発生した阪神・淡路大震災でした。この震災の後に、**第1章**で紹介したK-NETなどの全国的な地震計ネットワークや全国規模の地震防災システムが構築され、いわゆるリアルタイム地震防災システム整備の機運が急激に高まりました。しかし、これらのシステムの構築に不可欠な全国的な地盤データは未整備だったため、その開発は喫緊の課題でした。それまでにいくつかの紙地図やデータはありましたが、分類基準や地形・地質の区分の名称が県によって異なる、作成地域が限定されている、など表層地盤特性データベースとしては不十分な点がいろいろありました。

『日本の地形・地盤デジタルマップ』では、全国を一km四方のメッシュで区分し、総メッシュ数三八万個のデータを七年の歳月をかけて構築しました。その後、より空間解像度が高いハザード評価への利用という社会的要請に応えて構築したのが、地形・地盤分類二五〇mメッシュマップで、総メッシュ数は約六〇〇万個にも及んでいます。このデータは、国の地震調査研究推進本部が毎年更新して公開している全国地震動予測地図や、産業技術総合研究所が公開する地震動マップ即時推定システム、国や地方公共団体が行っている地震被害想定調査における震度分布の推計をはじめとして、公共機関や民間でも広く利用されています。国立研究開発法人防災科学技術研究所の地震ハザードステーション（J-SHIS）で二〇〇七年から公開されており（図4-4）、誰でも閲覧し、またダウンロードして二次利用も可能です。住所検索機能をもっており、利用しやすい地形分類図です。

大規模盛土造成地マップ

国土交通省の宅地耐震化推進事業の一環として、「大規模盛土造成地マップ」が自治体ごとに作成されつつあります。丘陵などの大規模造成地の盛土・切土範囲を示した地図です。3.6節でのべたよう

［5］　国土に関する電子地図用のデータで、http://nlftp.mlit.go.jp/ksj/other/index.html でダウンロードサービスを行っています。データには、大きく分けて土地利用、海岸線・川などの国土の輪郭を表すデータ、人口集中地区・浸水想定地域などの政策区域に関わるデータ、公共施設・観光資源などの地域データ、道路・鉄道など交通に関するデータなどがあります。

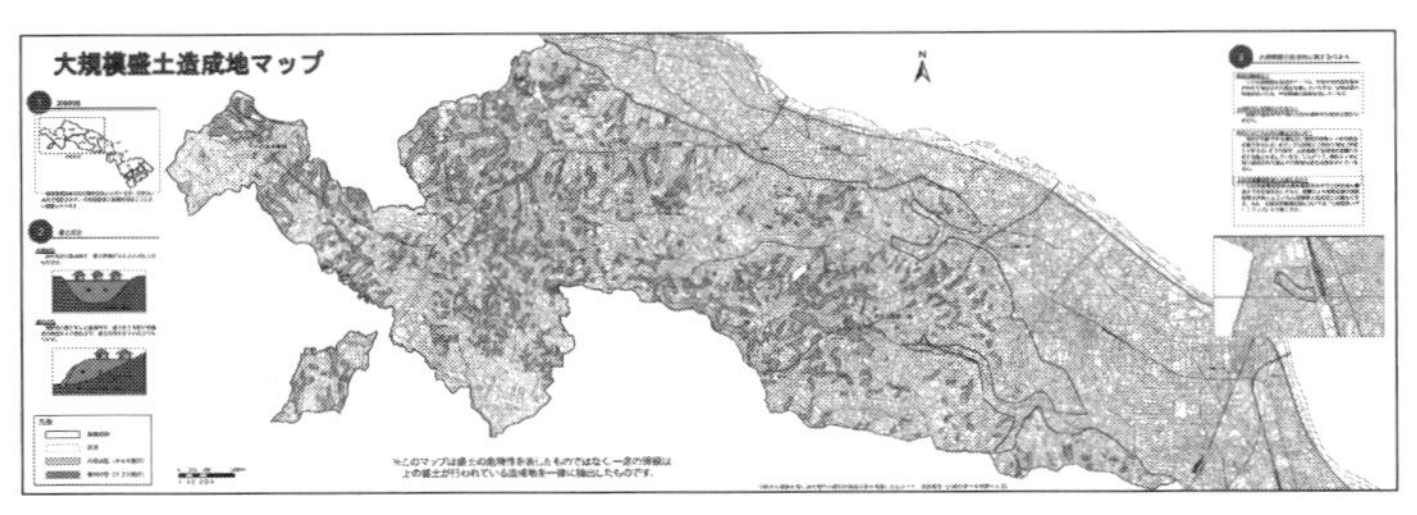

図 4-5　大規模盛土造成地マップの例（川崎市大規模盛土造成地マップ，http://www.city.kawasaki.jp/500/cmsfiles/contents/0000018/18384/map.pdf）

に、台地や丘陵地帯の谷を盛土造成した地域でも過去に液状化被害が起きていることから、「大規模盛土造成地マップ」を利用して、その場所の昔の地形が谷ではないかどうかを確認すると良いでしょう。ここで、「大規模盛土造成地」とは、宅地造成等規制法・同法施行令で「盛土をした土地の面積が三〇〇〇m²以上であること」または「盛土をする前の地盤面が水平面に対し二〇度以上の角度をなし、かつ、盛土の高さが五m以上であるもの」と定められています。前者を「谷埋め型大規模盛土造成地」、後者を「腹付け型大規模盛土造成地」と呼んでいます。

一例として、図4-5に川崎市のマップを示しますが、マップにも書かれているように、このマップは盛土の危険性を表したものではなく、一定規模以上の盛土が行われている造成地を一律に取り出したものです。盛土とされている地域の大部分は、造成前は谷だったところです。谷埋め盛土か地山かを判別する際の参考にしてください。

4.5　旧版地図（旧版地形図）

古い地図としては、江戸時代後期に伊能忠敬によって作成された地図が有名ですが、ここでは土地の起伏が詳細にわかる、等高線が入った地形図について解説します。地形図は、国土交通省国土地理院によって作成されていますが、明治二年（一八六九年）に民部官に設置された庶務司戸籍地図掛がその起源です。

わが国で近代的な測量方式による地形図が作られるようになったのは、明治八年（一八七五年）のことです（国土交通省、二〇一四）。明治一〇年代には、五〇〇〇分の一で東京、横浜などの詳細な地図が作成されていますが、これ以外の地域で作成された大縮尺の地図は、一万分の一、二万分の一（迅速図、仮製図）、二万分の一（正式図）、二万五〇〇〇分の一地形図、五万分の一地形図です。このうち、全国をカバーしているのは、五万分の一地形図と二万五〇〇〇分の一地形図だけです。明治二〇年代から大正初期にかけて刊行された二万分の一（正式図）は作成範囲が限られていますが、古い時代の地形図の中では最も精度が良く、明治期の地形や土地利用が詳細にわかります。

五万分の一地形図の整備がはじまったのは明治二三年（一八九〇年）で、大正一三年（一九二四年）にはほぼ全国整備が完了しました。昔の地形や土地利用はわかりますが、やや小縮尺のため地形が読み取りにくい部分もあります。

二万五〇〇〇分の一地形図は、五万分の一地形図に比べてかなり読み取りやすい縮尺です。明治四一年（一九〇八年）から整備が進められてきましたが、本格的に整備がはじまったのは昭和三九年（一九六四年）からで、昭和五八年（一九八三年）に離島を除きほぼ全国整備が完了しています。昭和三九年以降のものは、低地ではすでに地形改変や都市化が進んでしまって、元々の地形や土地利用が読み取れない地域もあります。

以上の地形図の旧版（絶版になっている地図）は、国土地理院および地方測量部の閲覧室で、閲覧あるいは謄本（コピー）を入手することができます。これまで発行された地形図のリストは、国土地理院のホームページ「図歴（旧版地図）」[6]で公開されています。低解像度版ですが、地図画像も図歴ページで閲覧することができます。また、防災を目的として、自治体のホームページから公開されている地域もあります。

旧版地図を利用する場合注意しなくてはいけないのは、地形図の作成時期によって図法（球体の地球を平面の地図に表現する時の方法）や測地系[7]が異なるため、現在の地図と縮尺を合わせて重ね合わせても、ぴったり合わないことがあることです。このような場合は、対象地点近傍の測量点（三角点、水準点）、鉄道、古くからの道路などを目印に、位置を補正しながら二枚の地形図を照合するとよいでしょう。

明治一〇年代に作成された二万分の一迅速図のうち、フランス式彩色地図は、復刻版も販売されていますが、関東地方については、農業環境変動研究センターの歴史的農業環境閲覧システム[8]から公開されており、Google Earth の kml ファイル形式で自由にダウンロードできます。この地図は、唯一、フランス式図法で作成された美しい彩色地図で、読み取りやすいのが特長です（明治一五年にドイツ式に変更されたため、それ以降の地図は、長らくモノクロ印刷でした）。

本書の**第1章**の図1-6、図1-7、**第3章**の図3-1、図3-2、図3-3、図3-5、図3-14は、いずれも旧版地図を利用しています。

4.6　空中写真

古い地形は、空中写真でもよくわかります。日本の国土全域について、おおむね五年ごとに空中写真の撮影が行われています。都市部地域については国土地理院が、森林部地域については林野庁と都道府県が担当しています。国土地理院撮影の空中写真は、インターネットで閲覧[9]できることから、一般的には利用しやすいでしょう。

国土地理院は、一九六〇年代から現在まで、国土の空中写真の撮影を繰り返し行っています。撮影年月日が明確なため、特定の時期の土地の姿を知るには、地図よりも空中写真の方が適しているかもしれません。

［6］　国土地理院地形図・地勢図図歴：http://mapps.gsi.go.jp/history.html

［7］　日本では明治時代に港区麻布台の旧国立天文台跡地を経緯度原点として定め、そこを基にわが国の測量の基準（日本測地系）が設けられました。ところが、GPSなどによる高精度測量が世界的に行われるようになると、日本と世界の測地系に不整合が生じることが判明しました。これを解消するために、二〇〇二年四月から世界測地系（JGD2000）で地形図が作られるようになりました。

［8］　歴史的農業環境閲覧システム：http://habs.dc.affrc.go.jp/

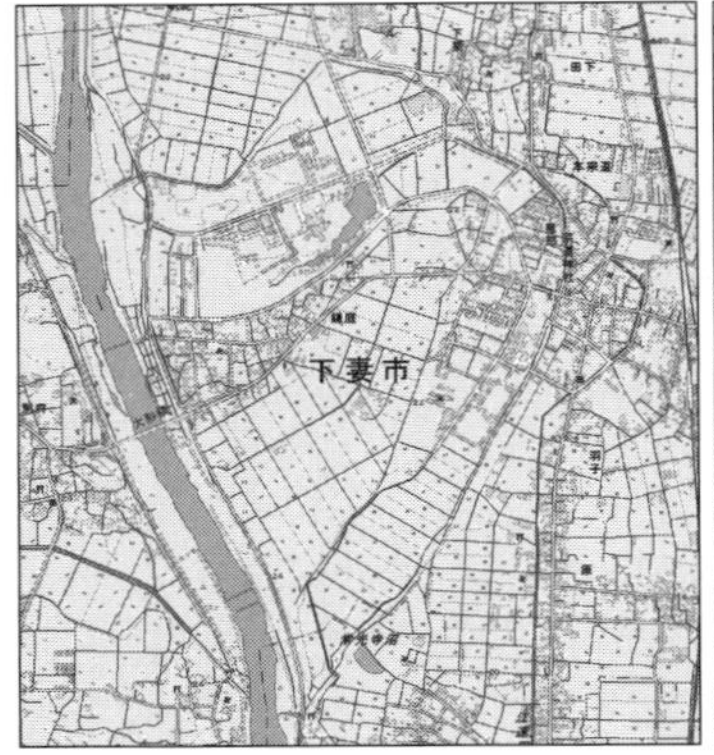

(a) 現在（地理院標準地図）

(b) 河川改修前（1/5 万地形図「水海道」1907 年）

(c) 1947 年 10 月 26 日米軍撮影空中写真（R388-61）

(d) Google Earth 画像（2015 年 10 月 9 日）

図 4-6　下妻市鬼怒川の旧河道

しれません。ただし空中写真を見慣れない人にとっては、読み取りにくい面もありますので、旧版地図との併用をお勧めします。国土地理院の外部から閲覧・ダウンロードできる空中写真の解像度は四〇〇dpiですが、国土地理院や地方測量部の閲覧室では、一〇〇〇dpiの写真が無料で閲覧できます。

一部の地域では戦前に陸軍が撮影した写真もありますが、全国規模で撮影された空中写真で最も古いものには、米軍が主に一九四七〜一九四八年に撮影した写真があります。現在の写真に比べて鮮明度は良好ではありませんが、高度成長期の地形改変前の国土の姿を見るには優れた資料で、広く利用されています。**第3章**の図3-1に示した一九四七年の海岸線は、米軍撮影の空中写真を利用して描いたものです。

図4-6(a)は、茨城県下妻市の鬼怒川沿岸の現在の地形図です。ここは一九三五年に付け替えられた鬼怒川の旧河道で、旧河道内には、下妻市役所千代川庁舎、千代公民館、千代川運動公園、温水プールなどの公共施設や鬼怒ニュータウンなどの新興住宅地があります。このあたりは東日本大震災では震度五強でしたが、甚大な液状化被害が発生しました。

図4-6(b)は、(a)と同じ地域の旧版地図（一九〇七年測量）です。(b)図では河川改修前の鬼怒川が

［9］　空中写真は、国土地理院の「地理院地図」https://maps.gsi.go.jp/での閲覧が最も便利です。ただし、現時点では、国土地理院が保有するすべての写真が地理院地図に掲載されているわけではなく、一部は国土地理院のホームページの「地図・空中写真閲覧サービス」http://mapps.gsi.go.jp/で公開しています。

大きく蛇行していることがわかります。一方、図4-6(c)は、一九四七年に米軍が撮影した空中写真です。鬼怒川の流路は現在と同じですが、図(b)の蛇行した旧河道が明瞭に見えます。

4.7 Google Earth

Google Earthは、Google社が無料で配布しているバーチャル地球儀ソフトです。二〇〇五年六月から配布が開始されました。標準的な解像度は一五mで、大都市や興味深い施設などでは、解像度一mの高解像度画像が使われているとのことです。過疎地域でも、自然災害などが起こるといち早く災害後の高解像度の画像が公開されます。高解像度版では、液状化による噴砂や地割れも明瞭に映し出されていることから、二〇一一年の東日本大震災や二〇一六年の熊本地震では、液状化発生地域の確認に筆者も大いに利用しました。Google Earthには、「時間スライダ」という過去の画像を確認できる機能もあるため、たとえば、東北地方の太平洋岸から関東地方の茨城県・千葉県にかけての東日本大震災直後の液状化被害の状況を今でも確認することができます(写真3-1(b))。

図4-6(d)は、下妻市鬼怒川左岸の二〇一五年一〇月の画像です。図4-6(b)の旧河道が、流路が付け替えられてから八〇年以上経った現在でも識別できます。

第5章——地名と液状化

液状化しやすい土地を判断する際に、地名が参考になる場合があります。昔から伝わった地名には、地形・地質・自然界の現象など自然環境を反映したものが多いと言われています。自然災害に関連したものでは「崩れ」「抜け」「がれ」「ほき」など、地すべりを表す地名がよく知られています。

液状化は、一九六四年の新潟地震を契機として広く認識されるようになった現象であり、これまでに地名との関連で分析されたことはありませんでした。しかし、前述の『日本の液状化履歴マップ七四五–二〇〇八』（若松、二〇一一）に収録されている液状化発生地点の地名には、液状化を生じやすい地盤や地形を反映しているものが多くありました（表5–1）。

なお、地名のルーツには諸説あり、以下でのべる地名も土地条件以外を表すという見方もあるかもしれませんが、本書では液状化が生じやすい土地条件に特化して地名を整理しています。また、行政界（住居表示）は土地条件と完全に一致しているわけではありませんので、あくまでも地盤条件を知る一つのヒントとして参考にしてください。

以下では、過去に液状化被害を受けた地名を具体的に挙げていますが、「危ない町」の烙印を押す

表5-1　地盤条件や地形条件と関連がある液状化履歴地点の地名の実例（若松，2011）

地下水位が高い（浅い）ことを示す地名	低湿地を示す地名	鴨ヶ池，大池，円池，清水池，綿内池，玉の池，桜ヶ池，新池，鵜ヶ池，菱池，熱池，雨池，女池，牛潟池，ニテコ池，山ヶ池，昆陽池，満池谷，寺池，蓮池，尻池，堀池，下の池，池ヶ原，池清水新田，池之島，佐藤池，カモ池，鵜沼，沼目，赤沼，おがせ沼，長沼，平沼，内沼，沼影，下沼部，鵠沼，妻沼，男沼，沼尻，長節沼，ひょうたん沼，三平沼，ポロト沼，監沼，三頭沼，ツブ沼，沼崎，平滝沼，蓮沼，茅沼，大沼，温根沼，下沼，河北潟，象潟，新潟，内潟，牛潟，蓮潟，赤浦潟
		岡の谷地，丸谷地，野谷地，仁助谷地，西谷地，鷺谷地，上谷地，大谷地，八郎谷地，釜谷地，奥尻谷地，青森谷地，浜名谷地，鶴間谷，下蒄，富蒄，蒄原，広蒄，大谷，小谷，内谷，金谷，保土ヶ谷，長谷，神明谷，西谷，伴谷，山谷，島谷，谷口，上谷，下谷，堂谷，谷，安馬谷，行ヶ谷，行谷，四谷，四ッ谷，大谷田，糀谷，川田谷，入谷，谷西，涌谷，田谷，駒ヶ谷，青谷，桜谷，百谷，松ヶ谷，山田ヶ谷，木ヶ谷，寺谷，西之谷，志篭谷，広谷，深谷，塩谷，細谷，田谷沢，北之幸谷，余津谷，磯谷，加賀谷，満池谷，柴谷，出ヶ谷，池田谷，滝谷，神谷，吉谷，千谷，赤谷葵，仁田，北ノ窪，七窪，荊窪，久保田，久保，大久保，足久保
		赤沼，赤須賀，赤淵，赤岩，赤崎，赤浦潟，赤子田，赤渋，赤石，赤井川，赤瀬川，赤江，赤谷癸，赤水
	湿性植物にちなむ地名	芹田，芹川，荒茅，茅沼，萱間，芦渡，大芦，芦原，芦崎，芦野，蘆原，小菅，菅苅，菅原，菅，菅野，荻島，荻園，荻原，荻伏，菱池，菱潟，蓮沼，蓮池，蓮町，蓮野，蓮田，菖蒲，柳原，柳生，平柳，八柳，三本柳，柳津，柳瀬，青柳，柳島，高柳，柳古新田，柳橋，笠柳，柳川，柳崎，並柳，上柳
	湧水地点を示す地名	中泉，小泉，泉町，泉村，長泉，温泉津，和泉，温泉，温湯，泉田，北泉，今泉，光泉，泉南，泉新田，清水，新清水，清水尻，清水池，清水新田，井戸，亀井戸，井戸場，井戸野浜
若齢な地盤であることを示す地名	新開地を示す地名	派立，羽立，興野，蜘手興野，狐興野，下興屋，新田，福原新田，泉新田，萩島新田，曽根新田，脇川新田，古川新田，速水新田，下関新田，高山新田，三貫地新田，大島新田，代官島新田，井戸場新田，貝喰新田，田中新田，川原新田，辰見新田，野寿田新田，米津新田，四十瀬新田，奥田新田，明治新田，吉田新田，根古地新田，福豊新田，海地新田，鹿浜新田，赤淵新田，沢新田，安田新田，川久保新田，平太夫新田，笹塚新田，庄右衛門新田，上大増新田，萩園新田，中新田，上新田，彦名新田，下新田，清水新田，神子新田，池寺谷新田，塩伊兵衛新田，稲永新田，富好新田，

若齢な地盤であることを示す地名	新開地を示す地名	当新田，法柳新田，坂野辺新田，中条新田，西野新田，松ヶ崎新田，新宮新田，広岡新田，浜新田，蓮潟新田，犬帰新田，笠巻新田，論瀬新田，戸田新田，山島新田，柳原新田，押切新田，星野新田，池中新田，川井新田，並木新田，灰島新田，大曲戸新田，下沼新田，佐藤池新田，割町新田，真野代新田，北新田，長崎新田，滝谷新田，下大新田，中野新田，虫野新田，岡新田，海士ケ島新田，柳古新田，黒土新田，今町新田，水尾新田，下原新田，竹俣新田，坂田新田，横場新田，東笠巻新田
	氾濫を示す地名	押切，押堀，押立，袋，川合，河合，川増，曲沢，大曲，曲渕
	埋立地・造成地を示す地名	築地，末広町，真金町，翁町，高砂，緑町，緑ヶ岡，緑ヶ丘，翠ヶ丘，美しが丘，鶴ヶ丘
砂質地盤または地下水位の浅い砂質地盤であることを示す地名	砂地を示す地名	砂川原，砂山，砂子坂，砂見，真砂，砂下り，砂田，小砂川，砂越，砂原，砂河原，砂子，前砂，砂町，砂崎，砂森，砂奴寄，黒砂，砂場，砂川，吹上
	自然堤防や中州を示す地名	中の島，中之島，中野島，中乃島，川島，荻島，小島，大島，堂島，福島，中島，相之島，川中島，丹波島，出島，平島，連島，中田島，三島，牛島，犬島，粟島，草島，島，米島，枇杷島，八島，気子島，太田島，八栄島，飯島，屋島，荻島，杉ノ木島，中洲島，前島，松ヶ島，網島，柳島，田島，向島，八斗島，矢島，都島，西島，北島，松島，松之木島，弥藤太島，西之島，海老島，中田島，寺島，岡島，松木島，酒手島，養ヶ島，藤島，五領島，雄島，京ヶ島，槙島，大中島，山島，小中島，牛島，豊島，茨島，扇島，清久島，酉島，新島，小津島，出来島，姫島，丸島，荒島，富島，釜ヶ島，高島
	自然堤防を示す地名	曽根，矢曽根，針曽根，小曽根，貝曽根，曽根市場，桑野木田，高須，須賀，加々須野，高野，川藤（縁）
	河原・河岸・旧河道を示す地名	川部，川内，川辺，鵜渡川原，河原，金川原，川田，川端，川跡，高河原，川久保，川間，川通，古川，堤下，下川原，下河原，上川原，中川原，古川端，大川端，水門通，古川通，新川岸，川尻，川岸，渡場，前渡，渡前，四居渡，芦渡，合渡，大師渡，渡田，堤外，中瀬，小和瀬，大瀬，島瀬，渡沢
	海岸や河口を示す地名	浜，下浜，大浜，浜の田，浜浅内，松ヶ崎浜，浜村，浜黒崎，浜原，小浜，絹巻浜，塩浜，千浜，荒浜，菊浜，大淵浜，浜辺，浜原，仁保裏，和泉浦，宮野浦，下ノ江，沖州，州崎，出州，州賀，船場町，船付，入船，早船

ものではありません。地盤のリスクを理解した上で、その土地固有の文化や歴史、コミュニティを大切にして、災害に強いまちづくりを目指していただきたいと念じます。

5.1　地下水が浅いことを示す地名

低湿地を示す地名

池・沼・潟などのつく地名をはじめとして、「あか[1]（赤）」や「やち（谷地・萢）」は、湿地を表す言葉です。これらの字がつく地名は、後背湿地・潟湖や池沼跡・砂丘間低地・谷底低地などのうち、とくに低湿な土地と考えてよいでしょう。

湿性植物にちなむ地名

芦・芹・菅・蒲・菱など湿性植物にちなんだ地名も、地下水位が浅く水はけが悪い土地を示してい

[1]「赤」は「明か（あか）」と同一語源で明るいという意味がありますが、「あか」は、あくた（芥）に通じ「湿地」を意味する場合もあります（楠原ほか編、一九八一）。液状化が発生した土地の地名は、沼・川・海に近い土地につけられていることが多いため、筆者は「明るい」「赤い」ではなく、「湿地」起源の地名と解釈しています。

ます。液状化履歴地点の中で樹木に関連した地名で最も多かったのは、「柳」です。柳は湖畔など水辺に見られる木として親しまれているように、湿潤な土地に育ちます。

湧水地点を示す地名

泉・和泉・清水などのつく地名は、丘陵や台地崖に沿った地域、扇状地や砂丘の末端部、砂丘間低地などに多く、湧き水に由来する地名です。

5.2 若齢な地盤であることを示す地名

新開地を示す地名

新田・興屋・派立は、荒れ地や湿地などを新たに開墾したところにつけられる地名です。表5–1に掲げた地名のうち、「明治新田」や「吉田新田」「小右衛門新田」などは開墾された時期や人の名前にちなんだ地名で、「海地新田」「塩新田」「浜新田」などは、海辺の干拓地につけられる地名です。「塩新田」は、塩田を目的として干拓された土地と推定されます。「河原新田」「沢新田」「曽根新田」は、土地の元の地形を表しています。曽根は自然堤防を表す言葉です。

氾濫を示す地名

川が氾濫すると、川によって上流から運ばれてきた土砂が沿岸に堆積し、新しい地盤が形成されます。液状化履歴地点には、「押切（おしきり）」「押堀（おっぽり）」「川内」などの破堤・氾濫を示唆する地名が少なくありません。河川の合流を示す「川合」「落合」、曲流を示す「曲沢」「大曲」は、氾濫が起こりやすい場所であることを示す地名です。

縁起の良い地名・イメージの良い地名（造成地・埋立地）

最近の地震で液状化の事例が最も多いのは埋立地です。埋め立てには、一般に砂が用いられます。締固めなどの地盤改良が行われない限り、緩い砂地盤で地下水位が高ければ液状化しやすいと考えた方がよいでしょう。

埋立地や干拓地は、新しく立地した町の繁栄を願って、おめでたい言葉を表す町名がつけられることが多くなっています。その一例として、横浜市中区一帯の地名が挙げられます。横浜市中区には、不老町、翁町、弁天町、末広町、万世町、高砂町、寿町、扇町、長者町、黄金町、日の出町など、長寿・繁栄を示す町名が多くあります。この地域は、元々、鐘形湾と呼ばれていた入り江で、一八五九年の横浜開港のころは、まだ入り江の一部や湿地帯が残っていました。その後、徐々に干拓されて新田となり、一八七二年の新橋・横浜間の鉄道開通とともに、急激に市街化が進んでいった地域です。

新田に盛土され、町ができ、人々が住みはじめるにあたり、新しい町の末永い繁栄を願って、縁起の良い地名がつけられたと推測されます。

この地区では、一九二三年の関東大震災の時に、広範囲に液状化が発生しました。縁起の良い地名が災いしたのではなく、一九二三年当時、造成後五〇年前後しか経過していなかった土地は、液状化に対して脆弱だったためです。日の出町は埋立地などによくつけられる地名で、二〇一一年の東日本大震災でも、千葉県浦安市日の出、船橋市日の出、茨城県潮来市日の出では、いずれも甚大な液状化被害が発生しました。

また、液状化の事例が多い造成地の地名として、「緑」のつく地名が多くなっています。たとえば、若松（二〇一二）には、墨田区緑町、足立区千住緑町、春日部市緑町、岡山市築港緑町、むつ市緑町団地、釧路市緑ヶ岡、能代市緑町、茂原市緑町、北海道乙部町緑町、芦屋市緑町、長岡市緑町と全国一一カ所の緑町が登場します。東日本大震災では、茨城県東海村緑ヶ丘、宮城県白石市緑が丘などで液状化が発生しました。これは「緑」が地盤条件と直接関係しているのではなく、新しい造成地にはイメージの良い町名がつけられるためで、その中でも「緑」がつく町名が全国的にもとくに多いためです。

釧路市緑ヶ岡では、2.7節でのべたように、三〇年間に四回の地震で液状化が起きています。東京下町の墨田区緑町では、一八九四年東京湾北部の地震と一九二三年関東大地震の両方で液状化が発生した記録があります。墨田区緑町は、元々は河岸沿いの空地でしたが、江戸時代にいくつかの町が火災の延焼を防ぐための火除地として没収された際に、それぞれの町の代替地となった町だそうです。めでたい松の緑に因んで緑町と命名されたとのことであり、まさに緑町の草分け的存在です。

また、札幌市美しが丘では、3.6節で述べたように、二〇〇三年十勝沖地震の際に、震央から約二五〇km離れ、震度四と揺れが小さかったにもかかわらず、多数の住宅に深刻な液状化被害が発生しました。ここは支笏火山の火山山麓地で、液状化被害が発生した場所は、一九八七年ごろ宅地造成が行われた際に沢を埋めた盛土地盤であり、被害箇所は地形的に見ると「丘」とは言い難いところでした。

5.3　砂質地盤または地下水位が浅い砂質地盤であることを示す地名

砂質地盤を示す地名には、その土地が砂地であることを直接示す地名と、砂質地盤に関連した微地形を表す地名に大別されます。

砂地を示す地名

「砂」という字は、「原」「川」「山」「河原」など地形を示す言葉と組み合わさって地名となることが多くなっています。たとえば、3.2節で紹介した東京都葛飾区西亀有三丁目・四丁目付近は、かつては「砂原」という字名でした。砂地のため地元で「すなっぱら」と呼ばれていたのが地名の由来とのことです。四〇〇年前に利根川の流路となっていた場所で、利根川が運搬してきた砂が多量に堆積し、厚い砂地盤を形成しており、地名との因果関係がわかります。

「砂山」は、砂地の微高地、すなわち砂丘などを示す地名です。「吹上」とは風が吹き上げるところの意であり、転じて風が砂を吹き上げる「風成砂」が堆積するところ、また近世以降では浚渫による埋立地を指すこともあります。

自然堤防や中州を示す地名

内陸部であるにもかかわらず「島」のつく地名に出会うことが度々あります。島は低地の中の微高地、すなわち自然堤防を示すことが多くなっています。自然堤防とは、第3章でものべたように、川の氾濫土砂のうち砂など粗粒な土が川の両岸に堆積してできた微高地を表す地形用語です。

河川の中州は川の中の「島」であり、表5-1を見ても「川中島」「中洲島」などの微地形を表す言葉がそのまま地名となっているところがあります。この中州は河道がほかへ移動して旧河道になった後も微高地として残るため、自然堤防と同様「島」のつく地名で呼ばれています。液状化履歴地点の中では、3.3節でのべた長野盆地の地名のほか、岐阜県を流れる長良川の扇状地に「島（嶋）」のつく地名が多く見られました。

以上のほか、先に少し触れましたが、自然堤防を示す地名としては「そね」があります。「曽根新田」は、自然堤防やその周辺を開墾したところと思われます。また、自然堤防は水はけが良いため、わが国で養蚕が盛んだった時代に桑畑として利用されていました。このため自然堤防には「桑」のつく地名が見られるところもあります。

河原・旧河道などを示す地名

液状化履歴地点の地名の中で、「島」と並んで多いのが「川」「渡」など河川にちなんだ地名です。「古川」「川跡」「川久保（川窪）」は旧河道を示唆する地名と言えましょう。また現在は近くに川がないのに「川端」などと呼ばれるところは、かつては近くを川が流れていたと考えられます。「堤外」とは堤防の外側（川側）の土地のことですが、これがそのまま地名になっているところもあります。川の流れや河床の地質を表す「瀬」のつく地名も、河原（河川敷）を示すことがよくあります。

海岸や河口を示す地名

「浜」や「浦」は一般に海岸や海辺を表しています。「浜」「州（洲）」は浜堤や砂州を示唆する地名です。「州（洲）」は中州や三角州（デルタ）を示す地名でもあり、大河川の河口部付近には「州」や「須」のつく地名や、水上交通の要地であることを示す「船場」「入船」などの地名が多く見られます。

以上で例に挙げた地名は、すべて実際に液状化が起きた場所の地名です。いずれも液状化発生の必要条件である、⑴地下水位が浅い、⑵緩く堆積した砂層、のどちらかまたは両方を示唆する地名です。たとえば、「赤沼村川原新田」「相之島小字押堀」「曲沢村川原下」「八柳村小字砂山」「川辺村大字赤崎字古川通」などは、液状化を生じやすい地盤条件を端的に表している好例と言えます。地歴を表すこれらの地名は大切に後世に伝えたいものですが、残念ながら昭和三七年(一九六二年)の住居表示に関する法律やその後の町村合併などにより、住居表示としての地名は消失してしまっています。

第6章——液状化の予測方法と土地購入後に行う地盤調査

液状化被害に遭わないためには、まず液状化しにくい敷地を選ぶことが重要です。第4章では液状化危険度を自分で調べる方法について解説しました。敷地が決まれば、さらに詳細に液状化の危険度を検討することになります。この章では戸建て住宅のための液状化予測判定の方法と、液状化予測のための地盤調査について紹介します。

6.1 液状化発生の予測方法

液状化発生の予測方法は、簡易なものから詳細なものまで、大別して以下の三種類の方法があります。

(1) 微地形や過去の履歴に基づく方法
(2) ボーリング調査や標準貫入試験[1]、コーン貫入試験などの地盤調査、土質試験に基づく方法
(3) 室内液状化試験と地震応答解析による詳細な液状化解析

表6-1　微地形から見た液状化判定基準（国土庁防災局，1992）

地盤表層の液状化可能性の程度	微地形区分
大	自然堤防縁辺部，比高の小さい自然堤防，蛇行州，旧河道，旧池沼，砂泥質の河原，砂丘末端緩斜面，人工海浜，砂丘間低地，堤間低地，埋立地，湧水地点（帯），盛土地*
中	デルタ型谷底平野，緩扇状地，自然堤防，後背湿地，湿地，三角州，砂州，干拓地
小	扇状地型谷底平野，扇状地，砂礫質の河原，砂礫州，砂丘，海浜

＊崖，斜面に隣接した盛土地，低湿地，干拓地・谷底平野の上の盛土地を指す．これ以外の盛土地は，盛土前の地形区分と同等に扱う．

微地形に基づく予測方法

前記(1)の微地形に基づく予測方法は、過去の液状化の履歴と微地形条件などの関係の分析から導かれた液状化判定基準（表6-1）などに基づき予測します。気象庁震度階級の震度五強程度など、一定の地震動強さに対する液状化の可能性の程度を「大」「中」「小」などで示すものです。この表は、元々、液状化ハザードマップの作成を地方公共団体（自治体）に促すために、一九九二年八月に当時の国土庁が作成したものです。現在では、「小規模建築物基礎設計指針」（日本建築学会、二〇〇八）でも、戸建て住宅の液状化判定法として、地盤調査に基づく簡易判定と併せて行うことが推奨されています。対象とする場所の微地形区分は、**第4章**の表4-1に掲げた資料を参照して判

［1］　地震の揺れに対して、地盤の各土層がどのような力を受けたり変形したりするかを検討するために、地盤をモデル化して設計用の地震動を入力してコンピューターで計算し、地層構成が複雑な地盤中を地震波が伝わる間の地震動の変化を算定する解析法。

断してください。

地盤調査に基づく方法

(2)の方法は、地下の地層を構成する土の種類(土質)とその硬さと地下水位の情報に基づき、地盤調査地点の深さ方向の液状化発生に対する安全率をF_L[2]という数値で判定します。F_Lが一を超えればその深さでは液状化しない(安全)、一以下なら液状化する可能性がある(危険)と判定します。この場合、同じ一以下でも数値が小さいほど液状化する可能性が大きくなります。

現在、一般の構造物に関しては、F_L法などの簡便法による液状化予測が行われます。建築物、道路橋、港湾施設、鉄道、上・下水道など、構造物の種類ごとに、液状化予測手法と、それに対応する対策に関する技術基準が決められています。検討対象とする地層は、地表から深さ二〇mまでが一般的です。

(3)の方法は、大規模構造物や重要構造物などに対して行われる詳細な数値解析を行う方法で、ボーリング調査など一般的な地盤調査に加えて、特殊な調査や試験が必要になってきます。大規模な構造物に対して行われるもので、戸建て住宅を含む小規模な建築物では用いられません。

液状化の予測方法としては、(1)、(2)、(3)の順番に、より詳細な方法とされていますが、(2)と(3)の数値解析による方法は、ボーリングなどの地盤調査などが行われた地点にしか適用できません。地盤の水平方向・深さ方向の変化や地震という自然現象の複雑さを考えると、代表地点の数値解析のみに依存した予測は万全とは言えません。⑴の方法や第4章でのべた方法も併用して総合的に判断することが必要です。以下では、⑵の方法のうち、建築物に関わる液状化判定について紹介します。

「建築基礎構造設計指針」による液状化発生の可能性の判定

建築物に関する液状化が発生するか否かの判定方法は、「建築基礎構造設計指針」（日本建築学会、二〇〇一）に示されています。「建築基礎構造設計指針」では、検討対象とすべき土層として、以下のように定めています。

液状化の判定を行う必要がある飽和土層は、一般に地表面から二〇m程度以浅の沖積層で、考慮すべき土の種類は、細粒土含有率が三五%以下の土とする。ただし、埋立地盤など人工造成地盤では、細粒土含有率が三五%以上の低塑性シルト、液性限界に近い含水比を持ったシルトなどが液状化した事例も報告されているので、粘土分（〇・〇〇五㎜以下の粒径を持つ土粒子）含有率が一〇%以下、または塑性指数が一五%以下の埋立あるいは盛土地盤については液状化の検討を行う。細粒土を含む礫や透水性の低い土層に囲まれた礫は液状化の可能性が否定できないので、そのような場合にも液状化の検討を行う。（日本建築学会、二〇〇一）

［2］　F_L：Factor of Safety against Liquefaction（液状化に対する安全率）の略。液状化に対する抵抗率と呼ばれることもある。

専門用語が多数出てきますが、解説すると、「地下水位以下で、かつ地表から深さ二〇mの沖積層（低地の表層を構成する地層）のうち、細粒土（砂より粒子が細かいシルトと粘土）の含有率が三五%以下の土を液状化判定の対象とする。ただし、埋立地などの人工造成地盤では、細粒分が三五%以上含まれていても、粘り気の少ない（塑性指数一五%以下）埋土・盛土や、粘土分の含有率が一〇%以下の埋土・盛土については、液状化の検討が必要である。礫は一般に液状化しにくい土であるが、粘土やシルトが混じる場合や水を通しにくい粘土などの地層に囲まれた礫については、液状化の検討が必要である」ということをのべています。

この方法で液状化判定を行うには、深さ二〇mまでのボーリング調査、土質試験、地下水位測定が必要になります。これらの調査から求められる数値を用いて、前述①のF_L法により簡易液状化判定を行います。詳しい説明は省きますが、地盤調査結果から地盤の液状化に対する抵抗力を求め、地震力と比較し、地震力の方が液状化に対する抵抗力を上回れば（F_Lが一以下）、「液状化発生の可能性がある」と判定されます。

しかし、深さ二〇mまでに液状化の可能性がある地層が存在しても、それが直ちに液状化被害につながるわけではありません。F_L法による解析結果から、液状化被害の可能性の程度を判定する方法としては、以下にのべる「宅地の液状化被害可能性判定に係る技術指針」の方法などを利用します。

「宅地の液状化被害可能性判定に係る技術指針」による液状化被害の可能性の判定

東日本大震災の約二年後の二〇一三年四月一日、国土交通省は、戸建て住宅などの宅地の液状化被害の可能性を判定するための技術的助言「宅地の液状化被害可能性判定に係る技術指針」（国土交通省都市局都市安全課、二〇一三）を公表しました。この指針では、F_L法による液状化解析結果に基づいて、宅地の液状化被害の可能性を比較的簡易に判定できる手法が示されています。

まず、前述の「建築基礎構造設計指針」による方法などのF_L法で表層の非液状化層厚H_1と液状化指標値P_L値[3]、または地表変位量D_{cy}[4]を求め、これらの値を表6-2によって比較して、液状化被害の可能性を判定します。P_L値やD_{cy}値にかかわらず、表層の非液状化層H_1が五mを超える場合は、「顕著な液状化被害の可能性は低い」と判定されます。つまり、地表から深さ五mを超える液状化しない地層があれば、これが押さえとなって、それ以深の液状化の影響が地表や住宅の基礎に現れにくいとみなし

［3］　P_L：Liquefaction Potential Index の略。本技術指針では「液状化指標値」と記載されていますが、「液状化指数」とも呼ばれています。F_Lが同じ値でも、地下の浅いところの液状化ほど地表や地上の構造物への影響が大きい（被害が現れやすい）ことから、F_Lの値を深さ方向に重みをつけて足し合わせた値で、地表での液状化の激しさを表す指標とされています。

［4］　D_{cy}：液状化により生じる地盤の水平変位量で、液状化の程度の指標の一つです。詳しい算出方法は「建築基礎構造設計指針」（日本建築学会、二〇〇一）に示されていますが、おおまかには、液状化による地表面沈下量として表されます。

表 6-2　液状化被害の可能性の判定表（国土交通省都市局都市安全課，2013）

判定結果	H_1 の範囲	D_{cy} の範囲	P_L 値の範囲	液状化被害の可能性
C	3 m 以下	5 cm 以上	5 以上	顕著な被害の可能性が高い
B3		5 cm 未満	5 未満	顕著な被害の可能性が比較的低い
B2	3 m を超え，5 m 以下	5 cm 以上	5 以上	
B1		5 cm 未満	5 未満	
A	5 m を超える	—	—	顕著な被害の可能性が低い

ています。

この技術指針には法的拘束力はありませんが、今後開発・造成される新たな宅地については、より安全な宅地供給が行われること、既存の宅地については民間の自主的な取り組みにおいて広く活用されることを狙ったものです。**第8章**でのべる市街地液状化対策事業による対策工の検討にも利用されています。

この指針による判定結果は、震度五程度の中地震に対する宅地の液状化被害の可能性の程度の目安となります。液状化に対する安全率 F_L の算定には、「建築基礎構造設計指針」を用いる場合は、地震のマグニチュード七・五[5]、最大加速度二〇〇 Gal（ガル）[6]土木構造物に対して多く用いられる「道路橋示方書」の方法で算定する場合は、想定震度〇・二[7]が一般に用いられています。ただし、この方法による判定結果を基に液状化対策を講じても、震度五程度以上の大きな地震動に見舞われた場合、対策効果が得られることを保証されるわけではないことに留意が必要です。

小規模建築物を対象とする方法

以上でのべた「宅地の液状化被害可能性判定に係る技術指針」による方法は、F_L法による液状化解析が必要であり、深さ二〇mまでの地盤調査が前提になっています。以下では、深さ一〇mまでの地盤調査による液状化被害の可能性を判定する方法を紹介します。

従来、住宅などの小規模建築物を対象とした「小規模建築物基礎設計指針」（日本建築学会、二〇〇八）では、「小規模建築物[8]の設計における液状化の判定は中地震動（地表面水平加速度値一五〇〜二〇〇cm／s^2）に対して以下に解説する微地形などからの概略判定（本書の表6-1）と併せて、簡易粒度分析と地下水位に基づく簡易判定法によって行うことを推奨する」とあります。この指針の簡易

［5］　一般にマグニチュードが大きい地震ほど、大きな揺れの継続時間が長くなります。加速度が同じでも、揺れの継続時間（地盤に加わる揺れの繰り返し回数）の影響をマグニチュードで評価しています。

［6］　加速度の単位は、現在、わが国では国際単位系のSI単位でcm／s^2（センチメートル毎秒毎秒）で表記することが推奨されていますが、地震の揺れを表す場合、CGS単位系のGal（ガル）が慣習としてよく用いられています。

［7］　ここでいう「震度」とは、気象庁震度階級の震度ではなく、重力加速度（九八〇ガル）の何%が地震力（水平方向の加速度）として地盤や構造物に作用するかを表す指標で、震度〇・二は、重力加速度の二〇%が作用することを意味します。したがって、震度〇・二を加速度で表すと一九六ガルとなり、建築基礎構造設計指針の二〇〇ガルとほぼ同等な値であることがわかります。

［8］　小規模建築物とは、小規模建築物基礎設計指針（日本建築学会、二〇〇八）によれば、「①地上三階以下、②建築高さ一三m以下、③軒高九m以下、及び④延床面積五〇〇㎡以下の条件を満足する比較的小規模な建築物」を指しています。

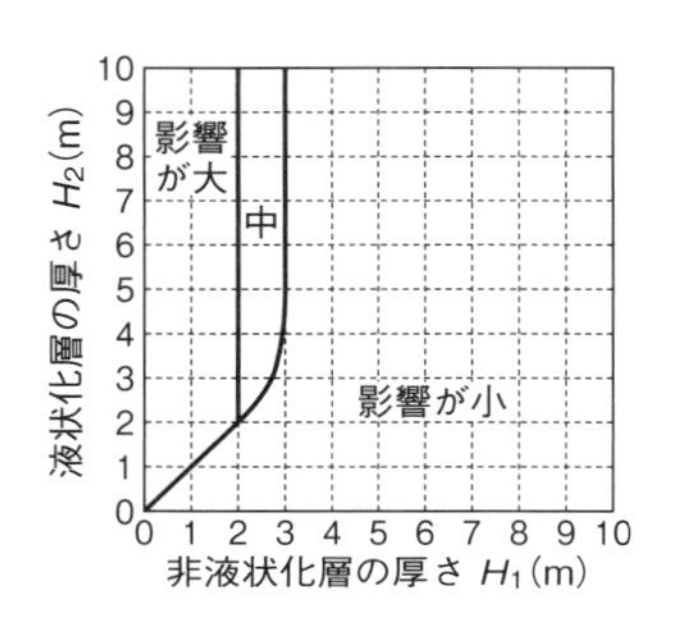

(a) 液状化の影響の評価図

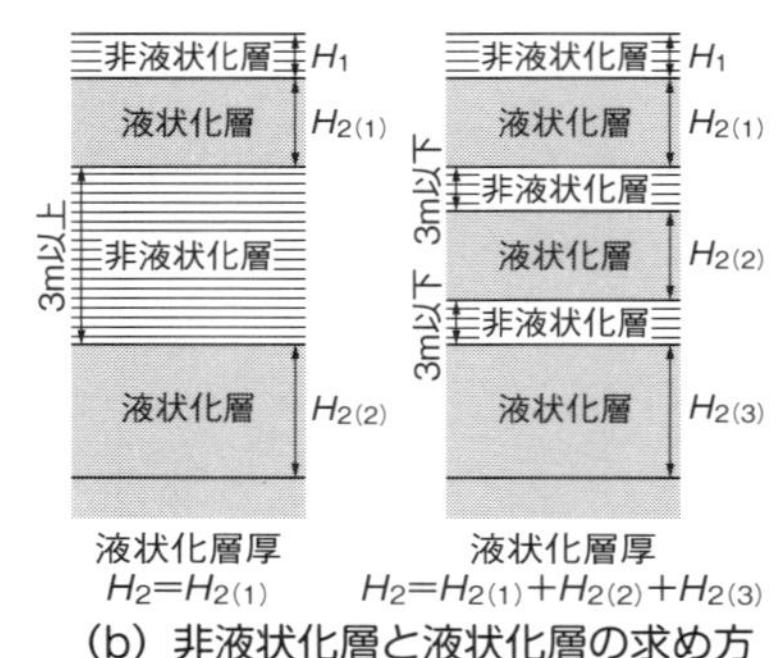

(b) 非液状化層と液状化層の求め方

図 6-1　液状化の影響が地表面におよぶ程度の判定（地表面水平加速度 200 cm/s² 相当の中地震）（日本建築学会，2014）

判定法では、液状化の影響度評価の検討深さを、過去の地震の経験から五mまでとしていました。しかし、**第5章**でのべたように、二〇一一年の東日本大震災では深さ五mの範囲での評価では判定の精度が不十分であることがわかりました。そこで、「小規模建築物基礎設計指針」の方法を更新する形で提案されたのが、地表から一〇mまでを検討深さとする以下の方法です。

図6-1(a)は、小規模建築物を対象として、地表面から深さ一〇mまでの範囲の、表層の非液状化層の厚さH_1と、その下部の液状化層（地下水で飽和された砂層）の厚さH_2との関係によって、地表面に被害がおよぶ程度を示したものです。ここで非液状化層の厚さH_1とは、地下水位より浅い砂層、または、粘性土（細粒分含有率が三五%を超える粒度の土層）であり、液状化層の上に乗って蓋のような役目をする土層の厚さです。液状化層H_2の厚さは、二とおりのケースが考えられます。図6-1(b)の左図のように、液状化層の間に厚さ三m以上の粘性土層が存在する場合は、下部の液状化層の影響

は三ｍ以上の粘性土層で遮断されているため、地表への影響は少ないと考え、液状化層の厚さH_2を上部の液状化層の厚さのみ$H_{2(1)}$とします（$H_2=H_{2(1)}$）。

これに対して図６−１(b)の右図のように、中間の粘土層の厚さが三ｍ以下の場合は、粘土層には下部の液状化層に対する遮断効果はないとみなし、液状化層の厚さH_2は、$H_{2(1)}$、$H_{2(2)}$、$H_{2(3)}$をそれぞれ合計します（$H_2=H_{2(1)}+H_{2(2)}+H_{2(3)}$）。このようにして求めた非液状化層$H_1$と液状化層$H_2$を図６−１(a)にプロットして、液状化の影響を大・中・小と三段階で評価します。小規模建築物の場合、液状化による地表面の変状が建築物の被害に大きな影響をおよぼすことなどを考えれば、この判定法は簡易判定法として推奨できるものです。

6.2　液状化の可能性を調べるための地盤調査

もし液状化の可能性がある敷地に家を建てるのであれば、地盤調査、土質・地層の硬さだけでなく、粒度試験や地下水位測定を行うことを推奨する設計者を選ぶことをお勧めします。そして、液状化の可能性がある敷地で地盤改良が必要と提案された場合は、各種の液状化対策について費用対効果などのメリット・デメリットを理解して判断することが大切です。

液状化被害は現在の技術でも完全に予測することはできません。設計者・技術者と十分に協議して、液状化対策の必要性やどのような対策が良いのかなどについて、最終的には建築主が決断しなければ

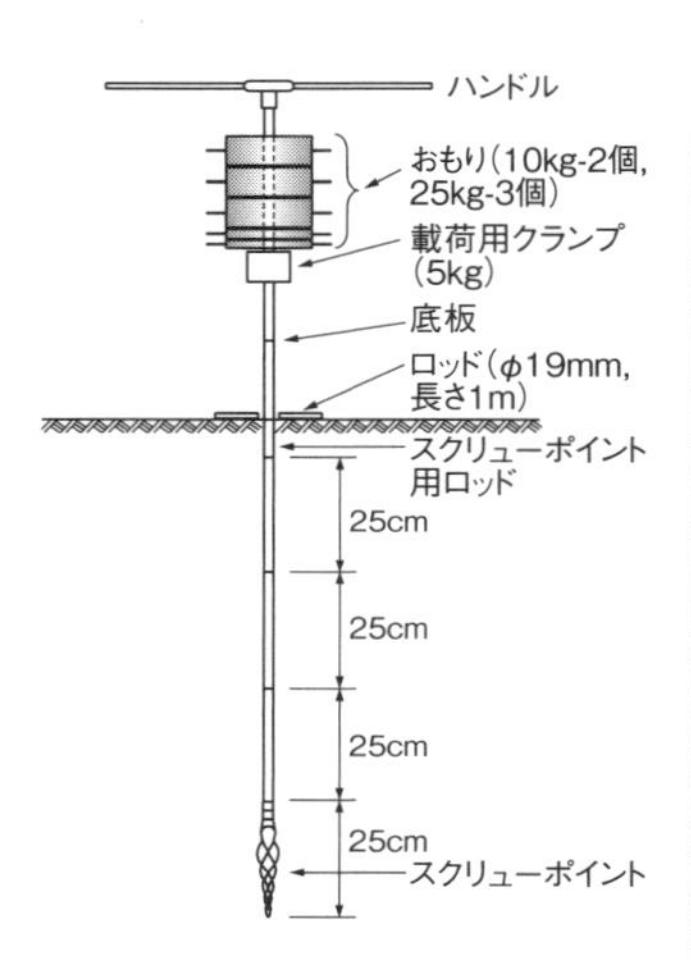

図 6-2　スウェーデン式サウンディング試験装置（地盤工学会, 2005）

写真 6-1　手動式によるスウェーデン式サウンディング試験（日本建築学会住まい・まちづくり支援建築会議復旧・復興支援 WG, 2015）

なりません。難しい選択になりますが、地盤の知識があるほかの専門家、たとえば地盤品質判定士などにセカンドオピニオンを求めると良いでしょう。

6.3　スウェーデン式サウンディング調査

戸建て住宅の場合、液状化判定に必要な土質定数（土の物理的・力学的性質を表す数値）を得るための調査や試験が行われることはまれで、地盤調査としてスウェーデン式サウンディング試験[9]（以下、ＳＷＳ試験と呼びます）だけが行われるのが一般的です（図6-2、写真6-1）。

ＳＷＳ試験は元来地盤の硬軟または締まり具合を判定するための試験なので、①地中の土が直接確認できない、②試料採取を伴わないため土質試験ができない、などの理由から、ＳＷＳ試験だけでは液状化が発生するか否かの判定が行えません。判定を行うには、地下水位の測定や、簡易的な砂・粘土の判別による液状化する地層の厚さと液状化しない地層（非液状化層）の厚さの把握、砂層の標準貫入試験のＮ値（6.5節参照）、粒度特性等の情報も必要になります。一般には、ＳＷＳ試験時における感触や音および抵抗の状況から土質を推定し、液状化する可能性がある地層か否かを判定しているケースが多いようですが、液状化予測には土を採取することが必要です。現在はＳＷＳ試験を実施した孔を利用して、土砂を採取するサンプラー（試料採取器）も開発されています。玉石や砂礫地盤を除くあらゆる地盤の調査が可能ですが、測定深さはおおむね一〇ｍまでです。

6.4　電気式静的コーン貫入試験

電気式静的コーン貫入試験（Cone Penetration Test、ＣＰＴ）は、先端角度が六〇度のコーンの

［9］　ロッド、スクリュー、錘などからなるスウェーデン式サウンディング試験装置を用いて、錘の重さと半回転数などを測定し、土の硬軟または締まり具合を判定します。一九〇〇年代のはじめ、スウェーデン国有鉄道が不良路盤の試験方法として採用したため、スウェーデン式と称されています。我が国に導入されたのは一九五〇年代で一九七六年にはＪＩＳ規格に制定され、現在ではJISA1221（二〇〇二）として戸建て住宅向けの地盤調査のほとんどがこの試験によって実施されています。

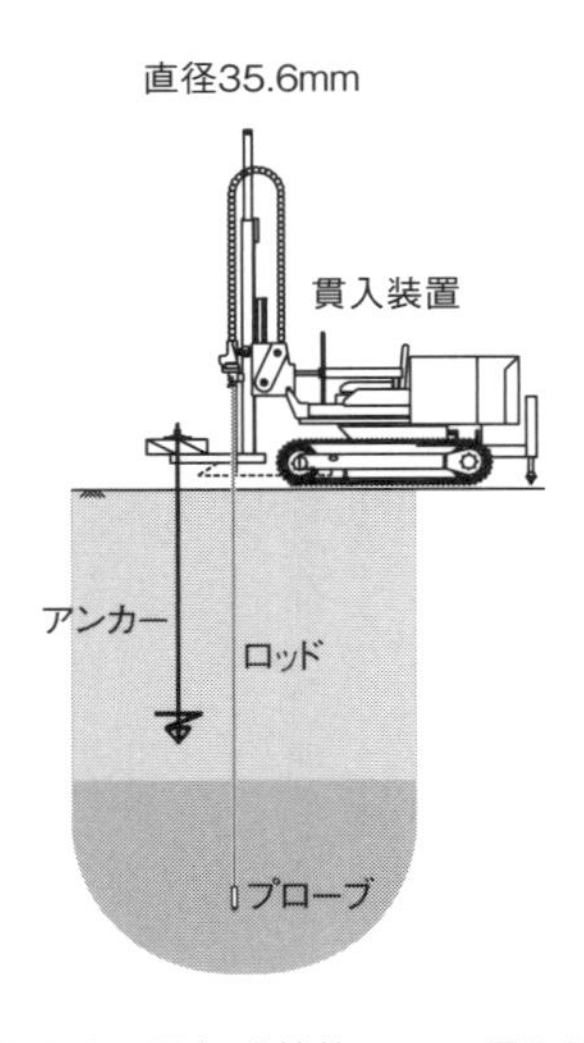

図6-3　電気式静的コーン貫入試験装置（日本建築学会住まい・まちづくり支援建築会議復旧・復興支援WG，2015）

写真6-2　電気式静的コーン貫入試験（日本建築学会住まい・まちづくり支援建築会議復旧・復興支援WG，2015）

形をしたプローブを静的に地盤に圧入し、地盤の先端抵抗、周面摩擦（コーンと地盤の接触面の摩擦抵抗）、間隙水圧の三成分を深さ方向に連続的に測定するものです（図6-3、写真6-2）。これらの測定値は先端のコーンの内部に取り付けられたロードセル（力を検出するセンサー）や圧力計で測定し、そこから出力される電気信号を地上の測定器に伝えるため、「電気式」と称されています。

玉石や砂礫地盤以外の地盤に適用でき、宅地用に用いられる小型の試験装置でも深さ二〇mまでの試験が可能です。

CPTによる液状化判定方法は、**6.1節**でのべた「建築基礎構造設計指針」にも示されており、次にのべるボーリング調査と同様に、F_L法による液状化の可能性の判定ができます。現状では礫などが混入する地盤においては貫入能力に課題がありますが、宅地地盤の液状化判定調査法として大いに期待できる試験法です。

6.5　ボーリング調査・標準貫入試験と土質試験

ボーリング調査とは、掘削機を用いて地盤にボーリング孔をあけることを言い、その目的は地盤調査、地下資源の開発など幅広い分野にわたっています（写真6-3）。建設工事に伴う地盤調査は、土質調査を目的として行われ、その結果はボーリング（土質）柱状図として表現されます（図6-4）。砂礫地盤などに対しても適用でき、深さ五〇m以上の調査も可能です。地盤調査の信頼性が高く、規模の大きい建物や施設を建設する際には必ず実施されます。

ボーリング孔から採取された土質試料は、性状が目視観察され、ボーリング柱状図の記事の欄に記載されます。記事の欄には、図6-4にも示されるように、混入物や土に含まれる水分量（含水量）などに関する情報が付与されています。たとえば、図6-4の「雲母混入」「軽石混入」とは、川が上流部の火山地帯から運んできた土砂であることを示唆しています。また、「貝殻混入」とは、その地層が海岸に近い場所で堆積したことを示しています。同じ砂でも「川砂」と「海砂」ではルーツが異なり、物理的・力学的な性質が異なってきます。

ボーリング孔から採取された試料を用いて、粒度試験や各種の力学試験などの土質試験を行い、地

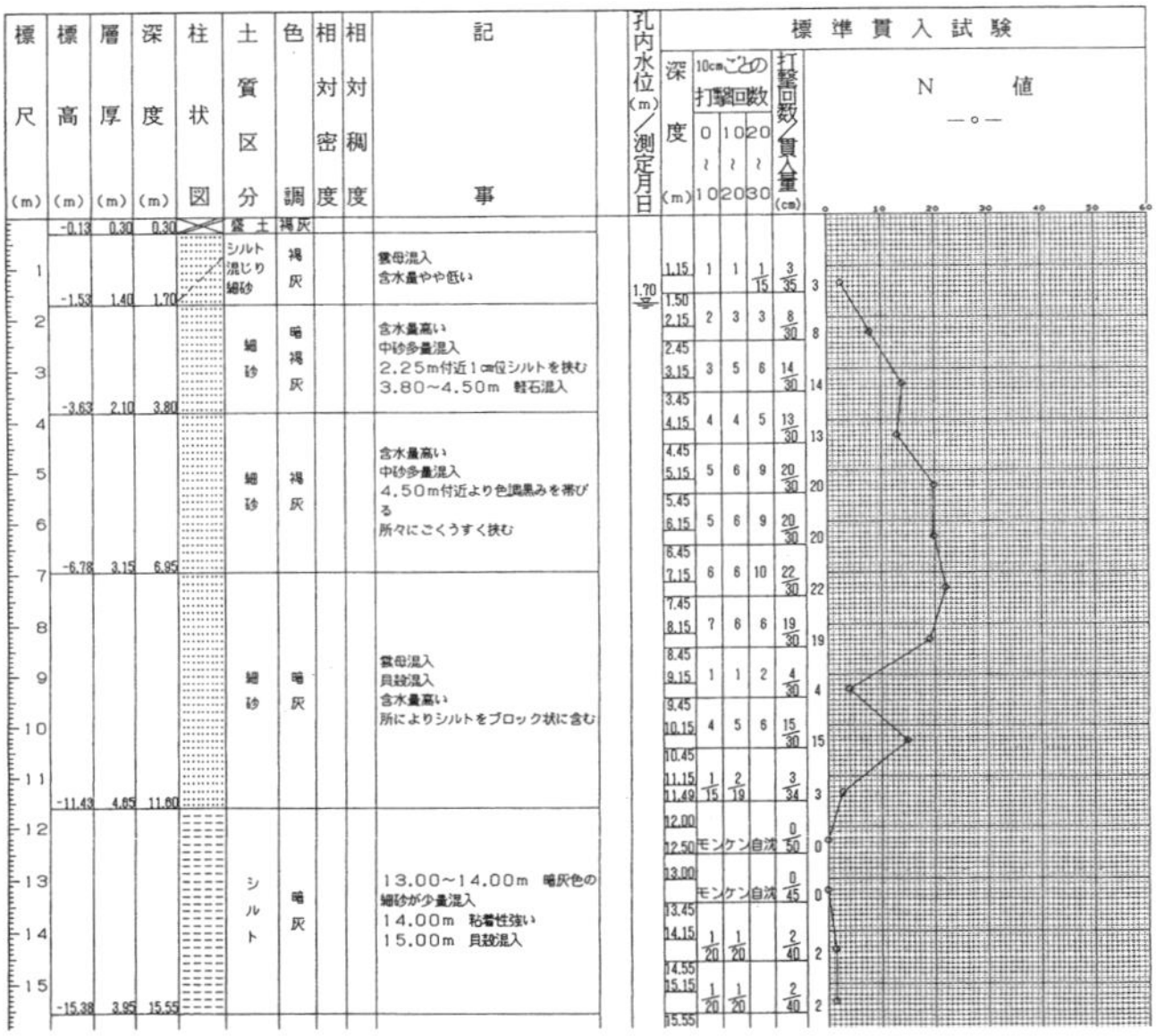

標尺 (m)	標高 (m)	層厚 (m)	深度 (m)	柱状図	土質区分	色調	相対密度	相対稠度	記事
	-0.13	0.30	0.30		盛土	褐灰			
1	-1.53	1.40	1.70		シルト混じり細砂	褐灰			雲母混入 含水量やや低い
2, 3	-3.63	2.10	3.80		細砂	暗褐灰			含水量高い 中砂多量混入 2.25m付近1cm位シルトを挟む 3.80～4.50m 軽石混入
4, 5, 6	-6.78	3.15	6.95		細砂	褐灰			含水量高い 中砂多量混入 4.50m付近より色調黒みを帯びる 所々にごくうすく挟む
7, 8, 9, 10, 11	-11.43	4.65	11.60		細砂	暗灰			雲母混入 貝殻混入 含水量高い 所によりシルトをブロック状に含む
12, 13, 14, 15	-15.38	3.95	15.55		シルト	暗灰			13.00～14.00m 暗灰色の細砂が少量混入 14.00m 粘着性強い 15.00m 貝殻混入

孔内水位(m)/測定月日: 1.70

標準貫入試験					
深度 (m)	10cmごとの打撃回数 0～10	10～20	20～30	打撃回数/貫入量 (cm)	N値 —○—
1.15 1.50	1	1	1/15	3/35	3
2.15 2.45	2	3	3	8/30	8
3.15 3.45	3	5	6	14/30	14
4.15 4.45	4	4	5	13/30	13
5.15 5.45	5	6	9	20/30	20
6.15 6.45	5	6	9	20/30	20
7.15 7.45	6	6	10	22/30	22
8.15 8.45	7	6	6	19/30	19
9.15 9.45	1	1	2	4/30	4
10.15 10.45	4	5	6	15/30	15
11.15 11.49	1/15	2/19		3/34	3
12.00 12.50	モンケン自沈			0/50	0
13.00 13.45	モンケン自沈			0/45	0
14.15 14.55	1/20	1/20		2/40	2
15.15 15.55	1/20	1/20		2/40	2

(N値グラフ目盛: 0 10 20 30 40 50 60)

図 6-4　ボーリング柱状図の例

写真 6-3　ボーリング調査（筆者撮影）

層の性質を詳しく調べます。また、ボーリング孔を利用して地下水位測定や標準貫入試験が行われるのが一般的です。

標準貫入試験とは、原位置における地盤の硬軟、締まり具合を知るN値を求めるための試験です。あらかじめ所定の深度まで掘進したボーリング孔を利用して、重さ六三・五kg±〇・五kgのハンマーを七六cm±一cmの高さから自由落下させて、ボーリングロッドの先端に取り付けられた標準貫入試験用サンプラーが三〇cm打ち込まれるまでの回数（N値）を計ることで、地盤の強度の指標とします。N値は図6-4にも示すように、土質柱状図の右側に記載され、ボーリングと標準貫入試験の結果を総称して、ボーリング調査資料とか地盤調査資料と一般に呼ばれています。

なお、N値のグラフに「モンケン（ハンマー）自沈」と記載され、N値が〇（ゼロ）を示している場合があります。これはハンマーが落下しない状態で、ボーリングロッドやドライブハンマーの重みのみでサンプラーが貫入したことを意味しており、地盤がきわめて軟弱であることを示しています。

表6-3　砂層と粘土層の場合のN値と地盤の硬さの関係（N値の話編集委員会，2004に加筆）

	土の状態	砂層	粘土層
1	きわめて緩い（砂質土） きわめて軟らかい（粘性土）	0～4	0～2
2	緩い（砂質土） 軟らかい（粘性土）	4～10	2～4
3	中位（砂質土・粘性土）	10～30	4～8
4	密に締まっている（砂質土） 硬い（粘性土）	30～50	8～15
5	きわめて密である（砂質土） きわめて硬い（粘性土）	50以上	15～30
6	極度に硬い（粘性土）		30以上

標準貫入試験のN値が大きいほど硬く締まった地盤になりますが、表6-3に示すように、同じN値でも土質により地盤の硬さは異なります。表中の土の状態を表現する形容詞として、砂質土は「緩(ゆる)い」「密(みつ)」「締まっている」という言葉が用いられ、粘性土は「軟らかい」「硬い」と表現されます。表6-3の1に該当する地盤はきわめて支持力が小さく、地盤改良や杭基礎など布基礎以外の基礎とすることが推奨されます。表6-3の2に該当する地盤であっても、砂層でN値一〇以下の場合、大地震で液状化したケースがきわめて多くなっています。N値一〇以下でかつ地下水位以下の砂層が厚い場合は、液状化に対する対策が必要です。

以上に挙げた調査方法のほかに、近年開発されたピエゾドライブコーン(PDC、別称液状化ポテンシャルサウンディング)があります。重りを落下させることによる打撃エネルギーで先端コーンを地盤に貫入させる装置を用いて、地盤の貫入抵抗を計測するとともに、先端コーン周辺で発生する過剰間隙水圧(静水圧を超える間隙水圧)を計測することにより、液状化判定に必要な細粒分含有率(砂より粒子の細かいシルトと粘土の含有率)を現場で評価する試験です。N値二五以下の砂質地盤に適用可能で、調査深度は一〇～一五mです。

従来は、堤防などの延長距離が長い構造物に対して、ボーリング調査地点の中間点での補間調査として実施された実績が多くあります。今後、宅地地盤の液状化判定のための安価で簡便な試験法として期待されています。

表6-4　液状化判定のための調査パターン別の概算費用の例（日本建築学会住まい・まちづくり支援建築会議復旧・復興支援WG, 2015）

調査方法	調査費用	調査内容（調査深度は10 mとする）
SWS＋液状化判定（試料採取，室内試験）	約15〜25万円	SWS 1カ所 試料採取および室内試験10個*
電気式静的コーン貫入試験（CPT）	約20〜30万円	CPT 1カ所
ボーリング調査（標準貫入試験，室内試験）	約30〜70万円	ボーリング1カ所 試料採取および室内試験10個

＊一般的なSWSは試料採取はできないが，オプションとしてSWS試験を実施した孔を利用して土砂を採取するサンプラー（試料採取器）を用いて異なる深さの土の試料10個を採取し室内試験を行う．

6.6　戸建て住宅の液状化判定を行うための調査費用

以上に挙げた液状化予測を行うためのスウェーデン式サウンディング調査、電気式静的コーン貫入試験、ボーリング調査の費用の目安は、地盤の状況や既設住宅の有無により異なりますが、表6-4のとおりです。この表では、冒頭に挙げた理由から戸建て住宅の場合、深さ一〇mまでの調査が推奨されます。原位置試験（実際の現場で行う試験）は、通常一〜二日でできますが、採取した試料で室内試験を実施して液状化判定結果が出るまでには、一週間程度かかります。また、既設住宅がある場合は、調査スペースの問題などにより、ボーリング調査など大がかりな調査は実施できないことがあります。

最近では、国土交通省や自治体からボーリングデータが公開されている地域も少なくありません。地層が変化に富む場合もありますので、敷地内で地盤調査を行っても、近隣のボーリングデータも可能な限り参照した方が良いでしょう。

第7章——液状化に備える——液状化対策

本章では、液状化に備えて、戸建て住宅に適用可能な地盤改良工法と、建物の基礎対策の概要についてのべます。これらの技術は日進月歩のため、本章では基本的なことがらの解説のみにとどめます。

7.1 液状化対策の考え方

新築住宅の液状化対策工法は、①液状化しにくい地盤に改良する方法（地盤改良）と、②地盤改良せずに、基礎や基礎直下の地盤を強化することにより地盤が液状化しても建物の被害を低減する方法、の二種類があります。対策の実施には、工法の長所・短所、地盤や敷地の条件、施工性、対策工事の近隣への影響、費用などを考慮して、信頼できる専門家と相談して工法を選定する必要があります。

7.2 地盤改良工法

液状化被害を防止・軽減するための最も有効な方法は、建物直下の地盤の改良です。地盤改良の原理は、2.2節でのべた「液状化が発生する条件」の(1)から(3)のいずれかを除去してしまうことです。この方法には、大別して表7-1に示す四種類の工法があります。

締固め工法

地盤の締固め工法として、わが国ではこれまで大型の構造物に対してはサンドコンパクションパイル工法が最も多く用いられてきました。地中に砂の杭を高密度に造成し、砂杭と砂杭の間の地盤を締め固める工法です。施工機械が大きいために、これまでは宅地などの狭隘な場所には適用できませんでしたが、最近では宅地用に小型化した施工機器も開発されてきています。

木材を地盤中に埋め込む「丸太打設工法」は、松材などを用いた木製の杭とは異なり、サンドコンパクションパイルと同じ原理で、地盤の密度を高める工法です。比較的安価な上、従来の工法より騒音や振動が少なく、市街地など狭い場所でも施工ができるのが特長で、コストパーフォーマンスが高い戸建て住宅向けの工法として期待されます。

固結工法

固結工法は、改良材を原位置土に混ぜ込み混合攪拌するか、またはグラウト材（流動性のあるモルタル）を地盤中に注入する工法です。巨大な注射針で地盤に薬剤を注射するイメージです。注入工法

表 7-1　液状化の発生を抑える工法（宅地に適用可能なおもな工法）

工法（原理）	概要	留意点
地盤の締固め	地盤中に砂，砕石，丸太を柱状に圧入し，地盤中に強固に締め固めた杭を作る．周囲の地盤は杭によって押し広げられるので圧縮し締め固まる（密度が増大する）．	建築部分より広い範囲を締め固め改良する必要がある．砂や礫を使用する場合，砂以外の細かい土が20%以上混入する地盤では，効果が低下する．近接の建物などの影響についてとくに留意が必要．
地盤の固結（固化）	セメント系固化剤などを用いた化学的安定処理により，土粒子間の結合力を高めることで，液状化の発生を防止する工法．①改良材と原位置土と機械的に混合攪拌する方法と，②地盤に改良材を注入する孔を設け，グラウト材を注入する方法がある．	グラウト材注入工法は，狭い場所や既設の建物にも使用できる．
地下水位低下・排水促進	地盤を盛土で嵩上げして転圧し，地下水位までの深さを深くする．	盛土の重みで地盤沈下が発生することがある．
	基礎の周囲に遮水壁を築造し，周囲からの地下水の流入を防いだ上で，建物周囲に排水溝を設置するか井戸を掘り地下水をくみ上げる．	ポンプでくみ上げる方法は，初期費用は比較的安価だが，ポンプや排水施設などの維持管理費用が必要．地下水位が低くなり，浮力分の土の重量が増加することによって，下部に軟弱粘性土層がある場合，重みで地層が圧密され地盤沈下が発生する．
	建物直下に砕石など透水性が良いドレーン材を多数築造して，液状時に発生する過剰間隙水圧を消散する．	ドレーン材に液状化した砂などが流入すると，目詰まりを起こし機能が低下する．
地盤の変形を抑止	①建物外周に，液状化しない地層に達するまで鋼矢板を打設する方法と，②建物直下に格子状のソイルセメント地中壁を築造する方法がある．地中の壁で地盤を拘束することにより，地震の揺れで地盤がせん断変形（ひし形に変形）するのを抑制し，地盤が液状化するのを抑止する．住宅では②が一般的である．	液状化しない地層まで掘り下げて壁を築造する必要があり，格子間隔や深さの設計，近接の建物などの影響についてとくに留意が必要．費用が高額．

は、住宅の外周地盤から、基礎直下に向けて斜めにグラウト材を注入することもできることから、既設の建物にも適用できます。

地下水位低下・排水促進工法

盛土をして地下水位を相対的に深くしたり、地下水位をくみ上げて低下させたり、または透水性が良いドレーン材を多数築造して、液状時に発生する過剰間隙水圧を速やかに消散させることにより、基礎直下の土の液状化の発生を防ぐ方法です。地下水くみ上げ工法は、街区単位で液状化対策をする場合には、ほかの工法に比べて安価なため、東日本大震災で液状化被害が顕著だった地区では、復興交付金の補助を受けた街区ごとの液状化対策事業に採用されています。しかし、一戸建住宅を対象とする場合、狭い敷地での施工は困難です。また、表7-1に示すようなデメリットもあることや、継続的なメンテナンスが必要なことにも留意が必要です。

盛土による嵩上げをして地下水位を相対的に低くする方法は、敷地に余裕がある場合には手軽な方法です。盛土後、十分転圧する必要があります。どの程度の液状化まで効果が期待できるかは定かではありませんが、東日本大震災で液状化が激しかった地域の中で、周囲より一m高く盛土していたために被害を免れた家もありました。

地盤の変形を抑止する工法

この工法は、元々大型施工機の使用を前提に開発された工法で、鋼矢板の打設は狭い敷地には適用困難です。このため最近では超小型の施工機械が開発され、鋼矢板の代わりに、地盤中に硬化剤を超高圧で噴射し、円柱状の改良体を作る方法が開発されました。円柱を並べた壁を建物直下に格子状に配置することにより、壁内の地盤のせん断変形（ひし形に変形）を抑制し、液状化の発生を抑止します。この工法は、比較的狭隘な敷地にでも施工可能ですが、適用実績が少ないため、設計段階で十分な検討が必要です。

以上、いずれの場合も、地盤や敷地の条件によっては適用できない工法もあり、液状化対策を行うことによって、表7-1に挙げたような弊害が出てしまうこともあります。また、工事費自体が比較的安価でも、維持管理費がかかる場合もありますので、長期的展望に立って工法を選択することが重要です。

住宅などの小規模建築物の液状化対策を行う場合は、6.1節でのべたように一般的には震度五程度、地表での最大加速度が二〇〇ガル程度の揺れを想定して対策が行われるのが一般的です。それ以上の強さの地震に耐えるようにするためには、当然のことながら費用の増加を伴います。いずれの場合も、想定した地震の揺れによって液状化する地層の深さを適切に予測することが重要であり、せっかく地盤改良をしても改良深度が不十分だと対策効果が得られないこともあります。

7.3　構造物・地盤補強対策

液状化の発生は許容するが、建物の基礎を強化したり、基礎直下の地盤を部分的に補強して液状化被害を軽減する方法には、表7-2に示す方法があります。いずれも被害ゼロを目指すものではなく、あくまで軽減対策であり、被害を受けた時も改修を容易にする工法です。

べた基礎

鉄筋コンクリートのべた基礎（図7-1(a)）は、液状化被害軽減に効果があるとされ、戸建て住宅には多く採用されてきました。一九八七年の千葉県東方沖地震の際、浦安市美浜三丁目では道路や宅地内に噴砂・噴水がありましたが、家屋自体には被害はありませんでした。この地区の住宅はいずれもべた基礎（配筋の詳細やスラブ厚の寸法は不明）であったことから、筆者は一九八七年当時「液状化の対策効果あり」と判断しました。

しかし、二〇一一年東日本大震災では、この地区をはじめとして浦安市内の埋立地の住宅は、べた基礎でもことごとく沈下し、いわゆる「浦安裁判[1]」の争点になりました。浦安市美浜・入船などの埋立地が完成した一九七〇年代は、「木造二階建て程度の軽量な建物では、必ずしも地盤改良をしなく

表 7-2　基礎の強化や地盤の補強により被害を低減するおもな工法

工法	概要	留意点
べた基礎	建物の基礎全面に鉄筋コンクリート床版（スラブ）を打設し，建物の荷重を全面で支えるタイプの基礎．網の目状に鉄筋が入ることで布基礎*より頑丈で変形しにくい．不同沈下を抑制することを目的とした対策．	液状化層が薄くかつ浅い場合は有効．もし建物が沈下しても，べた基礎に支えられているため全体的に傾斜する．基礎が頑強なため，沈下修正工事が容易．液状化による基礎下の陥没などの影響を免れるためには，スラブ厚を 18 cm 以上，直径 13 mm の鉄筋を 20 cm 間隔でダブル配筋（格子状に組んだ鉄筋を 2 列にコンクリートに埋め込むこと）とすることが推奨されている（吉見・桑原，1986）．
表層地盤改良工法	建物基礎直下の地盤に粉体状のセメント系固化剤を散布・混合攪拌し，ローラーなどの機械で締め固め（転圧），基礎直下の地盤を強化する．	表 7-1 の固結工法①と同じ原理である．大規模工事では深さ 5 m 以上までの改良も可能であるが，敷地が狭隘な住宅では大型機械が使用できないため，改良厚さは最大 2 m 程度．液状化層が浅く，厚さが薄い場合に効果が高い．改良体の直下が液状化すると，地盤とともに建物も沈下する．
柱状地盤改良工法	軟弱地盤中を掘進し，固化材と地盤を撹拌混合することで地中に柱状の改良体を多数築造し，柱周面の摩擦力と先端の支持力で建物を支える工法．	液状化層が深さ 5 m 以内で，改良体の先端地盤が液状化しないこと，液状化により改良体の周面の摩擦抵抗を失っても建物などを支えられることが条件．先端地盤が液状化してしまうと，建物が改良体とともに沈下する．
小口径杭工法	直径 10〜20 cm 程度の小口径の鋼管や直径 20〜30 cm 程度の既製コンクリート杭を支持層まで回転貫入または圧入する工法．	杭先端地盤が液状化しないこと，杭周囲の土がすべて液状化して摩擦抵抗を失っても建物などを支えられることが条件．基礎地盤が液状化しても建物は沈下しないが，建物直下の地盤が沈下すると杭が抜け上がる．杭の保護のため基礎の下の隙間に流動化処理土やセメントミルクなどの充填工事が必要となる．

＊布基礎：断面が逆 T 字型の鉄筋コンクリートを建物の壁の下のみに連続して設置された基礎．

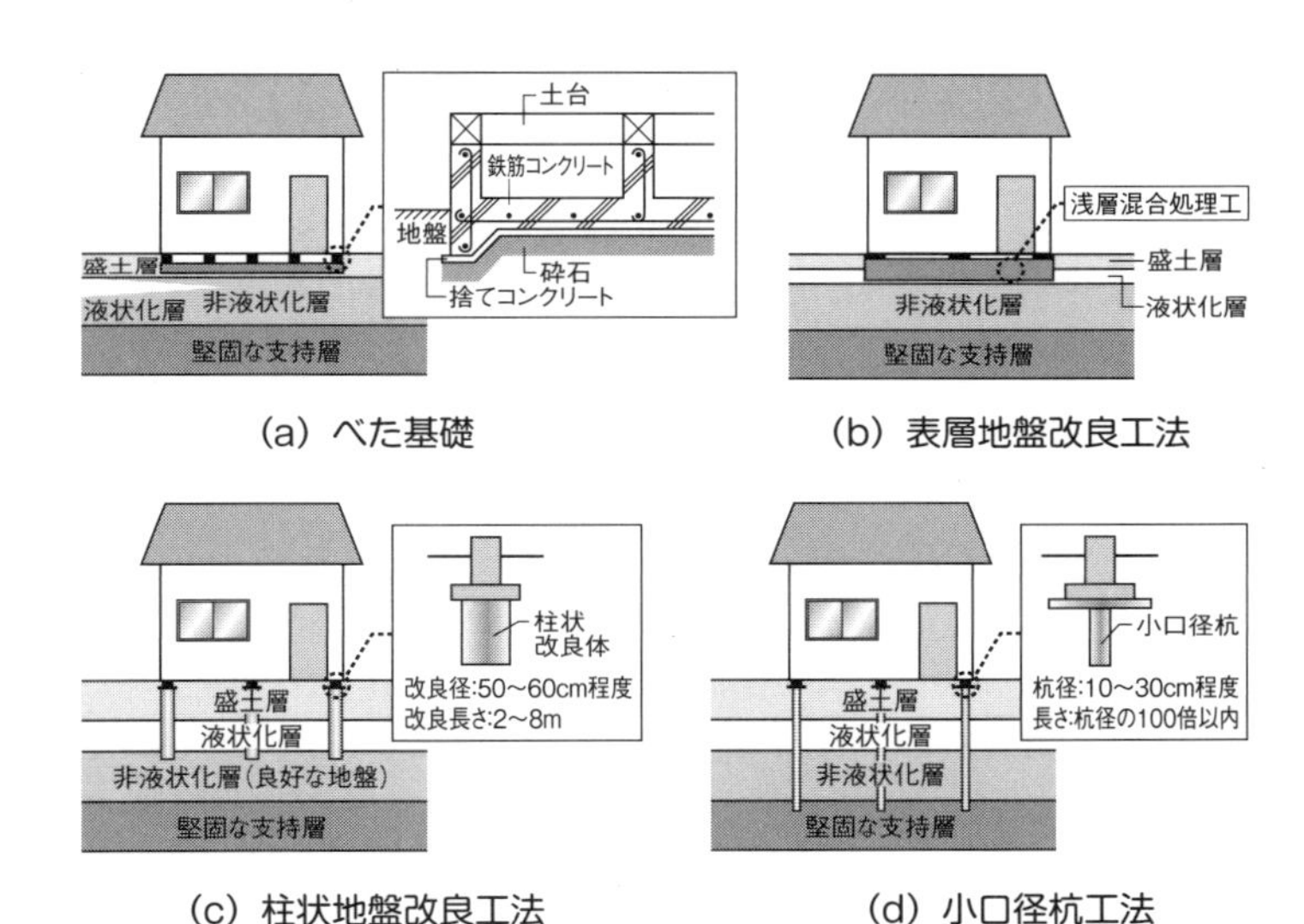

図7-1　地盤の補強や基礎の補強対策（東京都都市整備局を参考に作成）

ても、十分剛強な鉄筋コンクリート造の布基礎やべた基礎を設けることによって、被害を防止することが可能である」というのが当時の専門家の大方の見解でした。液状化に関する知見や対策工法はこの四〇年間でめざましく進歩したのです。

被害を完全に抑止することはできませんが、べた基礎の最大の利点は、不同沈下して家屋が

［1］　東日本大震災による液状化で被害を受けた千葉県浦安市の分譲住宅地の住民らが「宅地造成の際に地盤改良を怠っていた」として、分譲事業者などを相手取った訴訟。二〇一四年一〇月に地裁判決が出た二件では、「大震災が起きて被害が発生するという予見可能性があったとは言えない」との判決が下され、住民側が敗訴している。その後、東京高裁は控訴判決でも、一審の東京地裁判決を支持し、住民側の控訴を棄却した。最終的には最高裁が住民の上告を退け、二〇一五年一〇月と一二月の東京高裁判決が確定した。

傾斜しても基礎が頑強なため、ジャッキアップでの修復が容易なことです。しかし、一九九五年の阪神・淡路大震災の時に、芦屋市芦屋浜にある戸建て住宅では、べた基礎のコンクリート自体がジャッキアップにも耐えられないほどに損壊した例もありました。一口にべた基礎といっても、スラブ厚（床版の厚み）や配筋（鉄筋の太さ、配置間隔）に留意する必要があります。さらに、べた基礎にした上で基礎直下に砕石を敷くと、水はけが良くなり、基礎地盤の液状化を抑止・軽減する効果があります。

表層地盤改良工法

表層地盤改良工法（図7-1(b)）は、「浅層混合処理工法」とも言い、基礎直下の地盤に粉体状のセメント系固化剤を混ぜ込み、液状化しない地盤にする方法です。この場合、表7-2に記したように、改良厚さは最大二m程度が限度です。仮に、深さ三mまでが液状化層とすると、二mまで改良することにより、液状化が予想されるのは一mになります。これにより液状化被害を低減することができます。ただし、建物直下全面を一～二m掘削することになり、工事はかなり大がかりです。隣地境界に迫って建築する場合は、困難な工法と言えます。

柱状改良工法

柱状改良工法（図7-1(c)）は、「深層混合処理工法」とも言い、セメント系固化剤を地盤に注入して、直径五〇～六〇㎝ほどのコンクリートの柱（改良体）を地中に作ります。軟弱地盤の常時の沈下対策として多く採用されてきましたが、液状化対策としても有効だったとの報告もあるようです。しかし、液状化対策として用いる場合は、改良体の先端地盤が液状化しない地層に達していることが条件です。

東日本大震災では、全く効果がなく沈下したという報告も多くありました。筆者が実際に遭遇したケースでは、「深さ七～八ｍの柱状改良が全く効かず、全壊判定になった」「深さ四～五ｍの柱状改良杭を四八本施工したが、築一〇年の木造住宅全体が一ｍ沈下した」という例もありました。同様な被災例は、浦安市でも多数報告されています。いずれのケースも、改良体の深さが液状化しない硬い地層に達していなかったためと思われます。改良深さを液状化深さより十分深くすることがポイントになります。

小口径杭工法

小口径杭工法（図7-1(d)）は、直径の小さい鋼製やコンクリートの杭で建物を支持させるもので、軟弱地盤の常時の沈下対策として、多くの戸建て住宅で採用されています。液状化対策効果の報告はあまりありませんが、液状化しない地層まで達して打設されていれば、一定の沈下抑止効果は得られるはずです。しかし、周囲の地盤が沈下することにより、基礎の下に空洞が生じることがあります（杭の抜け上がり）。杭の頭部が露出したままだと横方向の抵抗力が低下し、次の地震で大きな被害につながる恐れがあるため、充塡工事が必要になります。

二〇〇四年新潟県中越地震で被災した、新潟県刈羽村の砂丘地帯の傾斜地にある宅地では、地震後の新築時にべた基礎の下に長さ六m、外径約一〇cmの鋼管杭を五〇本余り打設しましたが、二〇〇七年の新潟県中越沖地震で約五cm不同沈下し、上屋が一五cm砂丘の下方に移動し、杭頭部で杭と家屋の土台とがずれてしまったということでした。しかし、無対策の家よりは被害が軽微だったとのことです。この家の敷地の地下水位はきわめて浅く、地表面から四〇cmでした。

一方、この家の近傍の別の住宅では、新潟県中越地震で被災後、同じく鋼管杭基礎で新築しましたが、背後の砂丘からの湧水を暗渠で排水し、地下水位を低下させたことで、新潟県中越沖地震では住宅も外構も無被害でした。同じ小口径鋼管杭基礎でも、地下水処理の有無が明暗を分けたと推測されます。

7.4 既存住宅の液状化対策工法

7.3節で紹介した液状化に対する構造物対策は、基本的には既存住宅にも適用可能です。ただし、既存住宅に採用する場合は、上屋をジャッキアップするなど、実質的に沈下修復工法と同様な工事を行うため、新築住宅に採用する場合と比べ多額の費用がかかります。費用対効果を十分に考えて、対策実施の有無および工法の選定を慎重に行うことが大切です。

第8章 液状化被害の軽減に向けて

二〇一一年の東日本大震災では、わかっているだけでも約二万七〇〇〇棟の家屋が液状化被害を受けました。震災直後から、戸建て住宅の液状化対策に関して、建築基準法などの法律で液状化被害が生じないように守られていないのかという声が多くあがりました。

建築基準法施行令（昭和二五年政令第三三八号）第三八条には、「建築物の基礎は、建築物に作用する荷重及び外力を安全に地盤に伝え、かつ、地盤の沈下又は変形に対して構造耐力上安全なものとしなければならない」と規定されています。しかし、特例として、提出図書の省略が認められている木造二階建てなどの小規模建築物（四号建築物）では、液状化の可能性の判断は設計者に委ねられており、具体的な規定はありません。昭和二五年（一九五〇年）に制定された建築基準法は、国民の生命・健康・財産の保護のため、建築物の敷地・設備・構造・用途についてその「最低基準」を定めた法律です。住宅の液状化対策まで義務づけるのはなかなか難しいのではないか、むしろ各地域の実情に合わせて、各種条例や建築協定などの規定を別途に組むことも可能だという意見もあります。

写真 8-1　液状化により一方に大きく傾いたアパート（2011 年東日本大震災，神栖市深芝）（筆者撮影）

8.1　戸建て住宅が液状化被害に遭ってしまったら

液状化による戸建て住宅の被害

一口に液状化被害と言っても、被害の様相はさまざまです。①建物が一方向に大きく傾く、②建物は余り傾かず全体的に沈下する、③床の中央が盛り上がる、などです。④液状化に加えて側方流動が発生すると、間仕切りなどを境に建物が破断して離れてしまうこともあります。

写真8-1や第3章の写真3-15は、上記①の典型的な被害例です。全体的に大きくゆがむことなく、一方向に傾いています。平面が細長かったり複雑な形をしている場合、二階以上の階の重みが偏っている場合などは、二方向に傾くこともありますし、建物立面がへの字型など湾曲して変形するなど、複雑

写真 8-2　液状化により約１ｍ沈下した宅地（2011 年東日本大震災，稲敷市西代）（筆者撮影）

な沈下をすることもあります。いずれにせよ、①の場合、建物の隅角部での沈下量は異なっています。このように、一つの建物が均等に沈下せずに、部分部分で沈下量が異なる沈下の仕方を「不同沈下」とか「不等沈下」と呼んでいます。不等沈下による床の傾斜が一〇〇分の一以上になると、図2-5で説明したように居住者の大部分に健康障害が現れます。

写真8-2は上記②の例で、一見すると無被害のように見えますが、この住宅は液状化により基礎地盤ごと地震前に比べて一m低くなってしまいました。住人によれば、地震前は隣の田んぼより五〇cm高かったのが、地震後には逆に五〇cm低くなったそうです。下水が逆勾配になり、雨水も農地の方に排水されずに住宅内に流れ込んでしまうようになりました。

写真8-3は上記③の例で、この家の住人は家が沈下したのではなく、床が隆起したと思い込んでいました。実際には隆起したのではなく、家を支えていた部

写真 8-3　液状化で柱の直下が大きく沈下したことにより部屋の中央部が盛り上がった住宅（1983 年日本海中部地震，能代市黒岡）（能代市，1984）

写真 8-4　側方流動による地割れが走った宅地（2011 年東日本大震災，神栖市息栖）（筆者撮影）

屋の四隅の柱が沈み込んだために、取り残された部屋の中央が盛り上がってきたように見えたのです。このような被害は、柱と梁で家の重さを支える木造軸組工法の住宅に見られます。

宅地内で液状化による④の側方流動が発生すると、写真8－4のように大きな地割れが多数発生します。基礎がよほど頑強でない限り、写真2－12や写真3－5のように建物が根元から引き裂かれてしまいます。

傾いた住宅を修復するには

傾斜が一〇〇分の一以下で健康上支障がなくても、機能上、場合によっては構造耐力上、傾斜を水平にする修復工事が必要になる場合があります。傾斜角と機能的障害程度の関係は、表8－1に示すとおりです。

戸建て住宅向けの主な修復工法には、表8－2の工法があります。これらの工法の中では、アンダーピニング工法が最も高額です。液状化しない硬い地層が比較的浅いところに存在する場合、硬い地層に支持させれば再液状化に対しても効果が期待でき、現状の修正工法では最も信頼性が高いと言えます。耐圧版工法は、最も一般的な修復工法ですが、再液状化に対しては注意が必要です。ポイントジャッキ工法は、基礎の傾斜はそのままにして土台から傾斜を修復する方法で、不同沈下量が小さい場合に採用される工法です。表8－2の中では最も安価な工法ですが、耐圧版工法と同様、再液状化に対しては注意が必要です。注入工法は、液状化層への注入改良ができれば再液状化に対しても効果が期待できますが、この工法が適用できるのは不同沈下量が二〇cm程度までの場合に限られます。

修復工法の選択にあたっては、①建物の被害状況（沈下量、傾斜量、基礎のひび割れなど）、②基礎の形式（布基礎かべた基礎か、どの程度頑強か）、③地盤の状態（地盤改良を施したり杭を打たなくても建物を支えることができる地盤か）、④敷地の状態（施工機械の搬入スペースや近隣への工事の影響など）、などを考慮して決める必要があります。

表 8-1　傾斜角と機能的障害程度の関係（日本建築学会住まい・まちづくり支援建築会議復旧・復興支援 WG, 2015）

区分	勾配の傾斜	障害程度
1	3/1000	品確法*技術的基準レベル—1 相当
2	4/1000	不具合が見られる
	5/1000	不同沈下を意識する 水はけが悪くなる
3	6/1000	品確法*技術的基準レベル—3 相当 不同沈下を強く意識する
	7/1000	建具が自然に動くのが顕著に見られる
4	8/1000	ほとんどの建物で建具が自然に動く
	10/1000	配水管の逆勾配
5	17/1000	生理的な限界値

＊8.4 節参照.

修復費用に関する公的支援制度

修復費用は、被害程度や建物の規模・基礎の状態にもよりますが、液状化した地盤の地盤改良を行わなくても、二〇〇万円から一〇〇〇万円かかるのが一般的です。修復費用に関する公的支援については、表8-3に被災者生活再建支援法による支援金の支給額を示します。被災者生活再建支援法（平成一〇年五月二二日法律第六六号）は、自然災害によりその生活基盤に著しい被害を受けた者に対し、都道府県が相互扶助の観点から拠出した基金を活用して被災者生活再建支援金を支給することにより、その生活の再建を支援し、

会議復旧・復興支援 WG，2015 を一部引用）

ポイントジャッキ工法	注入工法
基礎の一部を斫り，土台下に爪付きジャッキを挿入してジャッキアップする．補強などを行い，既存基礎を再使用する場合が多い．	基礎下へグラウトや薬液などを注入し，注入・膨張圧によりアップする．
沈下が終息しているときに採用される工法であるため，再液状化に対しては注意が必要．アンカーボルトを切断してジャッキアップするため，修復後の基礎と上家の緊結にも注意が必要．	液状化層への注入改良ができれば再液状化に対しても効果が期待できる．工事後，1 年程度地盤が安定するまで経過観測が必要．

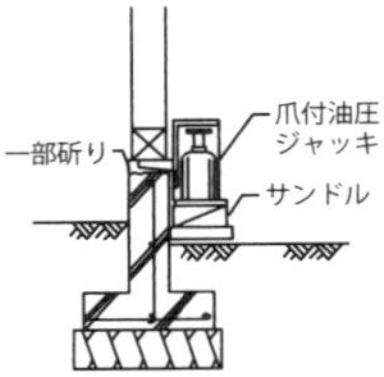

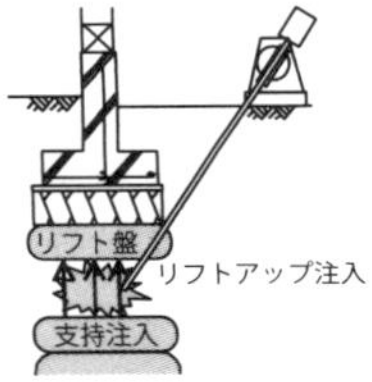

表 8-2　おもな液状化修復工法（日本建築学会住まい・まちづくり支援建築

工法名	アンダーピニング工法	耐圧版工法
工法の概要	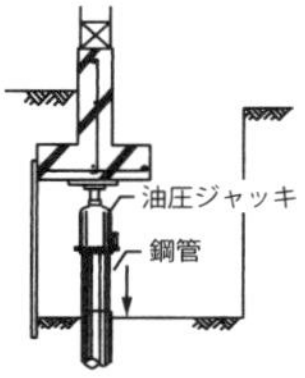 	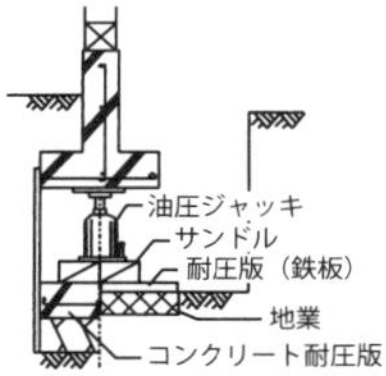 
	基礎下を掘削して建物荷重により1ｍ程度の鋼管杭を継ぎ足しながらジャッキで圧入する．支持層まで貫入後，これを反力にジャッキアップする．	基礎下を順次掘削して仮受けと打設を繰り返して良質な地盤面に一体の耐圧版を構築し，耐圧版を反力にジャッキアップする．
備考	液状化層下部の地盤で支持すれば再液状化に対しても効果が期待でき，現状の修正工法では最も信頼性が高い．支持層が深くなると継ぎ足す箇所が多くなるため，継ぎ部の品質や鉛直度に注意が必要．	支持層が浅い場合や沈下が終息しているときに採用される工法であるため，再液状化に対しては注意が必要．

表 8-3 被災者生活再建支援法による支援金の支給額（平成 23 年 8 月 30 日改正）

(1) 住宅の被害程度に応じて支給する支援金（基礎支援金）

住宅の被害程度	①全壊	②解体	③長期避難	④大規模半壊
支給額	100 万円	100 万円	100 万円	50 万円

(2) 住宅の再建方法に応じて支給する支援金（加算支援金）

住宅の再建方法	建設・購入	補修	賃貸（公営住宅以外）
支給額	200 万円	100 万円	50 万円

*いったん住宅を賃貸した後，自ら居住する住宅を建設・購入（または補修）する場合は，合計で 200（または 100）万円.

もって住民の生活の安定と被災地の速やかな復興に資することを目的としています。支給額は、表の二つの支援金の合計額となります。世帯人数が一人の場合は、各該当欄の金額の四分の三の額になります。

制度の対象となるのは地震災害だけでなく自然災害全般[1]ですが、被害を受けたすべての世帯にこの制度が適用されるわけではなく、一〇世帯以上の住宅全壊被害が発生した市町村などの以下の世帯が対象となります。

① 住宅が「全壊」した世帯
② 住宅が半壊、または住宅の敷地に被害が生じ、その住宅をやむを得ず解体した世帯
③ 災害による危険な状態が継続し、住宅に居住不能な状態が長期間継続している世帯
④ 住宅が半壊し、大規模な補修を行わなければ居住することが困難な世帯（大規模半壊世帯）

つまり、全壊、半壊、大規模半壊のみが対象となり、一部損壊は適用外です。全壊などであっても、対象となる市町村以外の地

域には適用されません。

制度の対象地域にあって住宅が被災した場合、支援金の支給申請には「罹災証明書」が必要になります。罹災証明書に「全壊」「大規模半壊」「半壊」のいずれかの認定を受けたことが証明されたことにより、はじめて申請資格が得られます。以下では、住宅の液状化による被害は、どのような規準で判定されるのかについて解説します。

8.2　住宅が液状化被害を受けた時の被害認定

災害（地震・水害・風害）による住家の被害認定は、内閣府が二〇〇九年六月に技術的助言として公表した「災害に係わる住家の被害認定基準運用指針」（以下、運用指針と略記）に基づき、自治体が被害程度を認定し、罹災証明を発行してきました。ただし、この運用指針には、液状化による被害のための基準はなく、「地震による被害」として、揺れによる被害と同じ基準が適用されてきました。

しかし、東日本大震災における液状化による住家被害は、この認定基準による判定方法では実態にそぐわなかったため、二〇一一年五月二日に「地盤に係る住家被害認定の調査・判定方法」が内閣府

［1］　制度の対象となる自然災害とは、災害救助法施行令第一条第一項第一号または第二号に該当する被害が発生した市町村で、内閣府防災情報のページにわかりやすく解説されています。
http://www.bousai.go.jp/taisaku/seikatsusaiken/shiensya.html

表 8-4　地盤に係る住家被害認定の調査・判定方法（内閣府（防災担当），2011 に基づき作成）

(1) 基礎と柱が一体的に傾く不同沈下の場合の判定

四隅の柱の傾斜の平均	判定	運用	備考
1/20 以上	全壊	従来通り	
1/60 以上，1/20 未満	大規模半壊	新規	1/60：従来から基準値として使われている構造上の支障が生じる値
1/100 以上，1/60 未満	半壊	新規	1/100：医療関係者などにヒアリングを行い設定した居住者が苦痛を感じるとされている値

(2) 基礎の地盤面下への潜り込みによる判定

潜り込み量	判定
床上 1 m まで	全壊
床まで	大規模半壊
基礎の天端下 25 cm まで	半壊

より公表され、同年三月一一日に遡って適用されました。

従来からの外観、傾斜、部位による判定基準に加えて、基礎と柱が一体的に傾いた時の傾斜（不同沈下による傾斜）と、基礎の地盤面下への潜り込みによる判定が加わりました（表8-4）。これによれば、全壊判定となるのは、四隅の傾斜の平均が二〇分の一以上、もしくは基礎の潜り込み量が床上一mまでの被害です。液状化被害の見地からは随分厳しい基準に見えますが、この運用指針における全壊の認定基準が、災害の種別を問わず「住家全部が倒壊、流失、埋没、焼失したもの（中略）、住家の損害割合が五〇%以上に達した程度のものとする」と定義されていることから、液状化以外による被害認定基準との整合性を図ったものです。

8.3　地震保険

8.1節でのべた被災者生活再建支援法などによる公的支援は、いろいろな条件が揃っていないと、制度の適用が受けられません。また、受けられたとしても、全壊の場合での最高支給額三〇〇万円は、住宅の再建費用のごく一部にしかなりません。そこで、自らの備えとして積極的に活用したいのが、地震保険です。

損害保険の一種である地震保険は、地震・噴火・津波による災害で発生した損失を補償する保険で、必ず火災保険とセットで加入する必要があります。地震保険の保険金額は、火災保険の保険金額の三〇％から五〇％の範囲内で、加入時に設定することになっています。

地震保険の制度創設のきっかけとなったのは、一九六四年六月に発生した新潟地震でした。被害は新潟県を中心に山形県、秋田県など九県におよびました。新潟地震の発生当時、保険業法の一部を改正する法律案を審査していた衆議院大蔵委員会は、地震直後の六月一九日、同改正法案を可決するにあたり、次の付帯決議を行いました（日本損害保険協会、二〇一四）。

表 8-5　木造建物（在来軸組工法，枠組壁工法）と鉄骨造建物（共同住宅を除く）の液状化による損害に対する損害調査方法（日本損害保険協会，2011）

認定区分	被害の状況		支払保険金
	傾斜	沈下	
一部損	0.2° を超え，0.5° 以下の場合	10 cm を超え，15 cm 以下の場合	建物の地震保険金額の 5%（ただし，時価の 5% が限度）
半損	0.5° を超え，1° 以下の場合	15 cm を超え，30 cm 以下の場合	建物の地震保険金額の 50%（ただし，時価の 50% が限度）
全損	1° を超える場合	30 cm を超える場合	建物の地震保険金額の全額（ただし，時価が限度）

＊傾斜・最大沈下量のいずれか高い方の認定区分を採用.

> わが国のような地震国において、地震に伴う火災損害について保険金支払ができないのは保険制度上の問題である。差し当たり、今回の地震災害に対しては損保各社よりなんらかの措置を講ぜしめるよう指導を行い、さらに既に実施している原子力保険の制度も勘案し、速やかに地震保険等の制度の確立を根本的に検討し、天災国というべきわが国の損害保険制度の一層の整備充実を図るべきである。

このような経緯と背景の中で、保険審議会の審議を経て、一九六六年「地震保険に関する法律」が制定されました。制定から五〇年余り、いくたびもの地震災害の経験を踏まえて制度が改定されてきましたが、東日本大震災では、広範な液状化被害を受け、液状化特有の建物の傾斜や沈下による損害に着目した損害認定方法が二〇一一年六月二四日に基準に追加され、三月一一日の東日本大震災に遡って適用されました（表8−5）。これにより、東日本大震災当時の地震保険の加入者は、液状化による家屋被害や家財に対して支払い請求ができるようになりました。

地震保険は、8.2節でのべた国の「地盤に係わる住家被害認定」に比べて、認定区分も被災者に優しく、支払い保険金も、国が定める被災者生活再建支援金（表８－３）に比べて高額です。地震保険は自助努力ですから、当然のことです。

なお、民間会社による「地盤保険・地盤保証」やそれに類する保険がありますが、建物の重さなどによる傾斜・沈下が保険の対象で、液状化や地すべりなど地震による地盤被害は原則として保険の対象となっていません。契約内容について注意する必要があります。

8.4　「品確法」で宅地地盤の品質は保証できないのか

住宅を取得する時に、外見からは品質や性能がなかなか判断できません。消費者が良質な住まいを安心して取得できるよう、住宅の品質確保と消費者保護を目的として制定された法律に「住宅の品質確保の促進等に関する法律」（平成一一年法律第八一号、略称「品確法」）があります。住宅性能表示制度は「品確法」を支える柱の一つで、構造耐力や省エネルギー性能など、住宅全般の性能を購入者にわかりやすく表示することを目的とした制度です。しかし、この制度による耐震等級には地盤の液状化対策についての項目はありません。

東日本大震災後の二〇一四年二月二五日に施行規則が改正され、二〇一五年四月一日に施行されま

表 8-6　液状化に関する情報提供のイメージ（国土交通省，2013）

（イ）液状化発生の可能性に関する広域的情報

微地形分類	■あり □なし □不明	【該当する微地形名称】（埋め立て） 【備考】（国土地理院発行の土地条件図による）
液状化マップ	■あり □なし □不明	【危険度判定に関する表記】（表記：やや高い） 【備考】（○○市液状化マップ）
その他土地利用履歴に関する資料	■あり □なし □不明	【旧土地利用】 （種別：沼地，水田，自然堤防，三角州，その他） 【備考】（明治 40 年古地図判読による）
液状化履歴に関する情報	■あり □なし □不明	【記入例】 1987 年 12 月千葉県東方沖地震において，近隣で液状化発生の記録あり

（ロ）液状化発生の可能性に関する個別の住宅敷地の情報

敷地の地盤調査の記録	■あり □なし □不明	【地盤調査】（方法：スウェーデン式サウンディング試験，標準貫入試験，その他（　　）） （数量：深度 5 m×4 カ所，深度 10 m×1 カ所） 【試料採取】 ■試料採取あり □試料採取なし 【備考】（スウェーデン孔より砂層の試料採取）
宅地造成工事	■あり □なし □不明	■造成図面あり □造成図面なし 【備考】（昭和 53 年○○公団による宅地造成・分譲）
液状化対策工事の記録	■あり □なし □不明	【工法種別】（締固め，固化，排水，その他（　　）） 【工法名称】（○○工法　　　　　） 【施工時期】平成 24 年 8 月　頃 【工事内容】（深度 5 m まで 2.5 m 間隔正方形配置 【工事報告書】（あり，なし）
その他の地盤に関する工事の記録	■あり □なし □不明	【工法分類】（盛土，不同沈下対策，交通振動対策，その他） 【工法名称】（○○工法　　　　　） 【施工時期】（平成 23 年 4 月頃） 【工事内容】（深度 7 m まで，柱状改良） 【工事報告書】（あり，なし）

地下水位の情報	■あり □なし □不明	【地下水位】（地表面から2.0 m付近） 【測定方法】（スウェーデン孔を使用） 【備考】（　　　　　　　　　　　　　　　）
地盤調査から得た液状化に関する指標	■あり □なし	【記入例】 例1：スウェーデン式サウンディング試験結果から建築基礎構造設計指針の F_L 法で D_{cy} 値＝16と算出

（ハ）液状化発生の可能性に関する当該住宅における対策の情報

住宅基礎対策の記録・計画	■あり □なし □未定	□【地盤が液状化しても住宅に傾斜等の支障がほとんどないと想定される工法】（杭基礎，○○など） （工法名称：　　　　　　　　　　　） （杭基礎の支持層への到達：到達，未到達，杭長　m） ■【地盤が液状化することで住宅に傾斜等の支障はあるが修復の容易性を予め確保可能な工法】（ジャッキアップ機構，剛性の高い基礎構造，○○など） （工法名称：○○工法） （工事内容：布基礎内部にジャッキアップスペースの確保，布基礎の剛性強化）

した。上記の施行規則には、第一条（住宅性能評価書に記載すべき事項）第一項第一一号として、次の条文が追加されました。

「住宅性能評価を行った住宅の地盤の液状化に関し住宅性能評価の際に入手した事項のうち参考となるもの（申請者からの申出があった場合に限る）」。

当初、住宅性能表示制度に地盤の液状化対策を盛り込む方向で検討を進めていたようですが、戸建て住宅の液状化リスクは、地盤の良し悪しや地震発生の頻度、敷地周辺の状況など、地域特性に負う部分が非常に大きいこと、また詳細な地盤調査に戸建て住宅一戸あたり数十万円の費用がかかり、低コストの調査手法は確立されておらず、限られた地盤調査の中で液状化リスクを判断するにはまだ知見が少ないなど、全国一律の基準を設けるのは困難と判断したようです。

次善の策として導入されたのが、前述の参考情報の提供です。ここでいう参考情報とは、表8-6に示すような項目です。（イ）は、地方公共団体などが公表している液状化ハザードマップ、被災履歴などの情報、（ロ）は、対象とする宅地における地盤調査や地盤改良の有無など液状化発生の可能性に関する情報、（ハ）は、対象とする住宅の基礎に杭基礎などの液状化対策が施されているか否かの情報です。これらの情報は、性能を保証するものではありませんが、専門家への相談や購入時の判断材料として活用が期待されています。

8.5 町ぐるみの液状化対策——市街地液状化対策事業と宅地耐震化推進事業

液状化を起こりにくくするための地盤改良は、宅地ごとに実施するより、町ぐるみで行った方が効果的でかつ経済的です。二〇一一年に国土交通省により「市街地液状化対策事業」が創設されました。これは、東日本大震災により液状化で被災した自治体の液状化対策事業を財政支援するための事業で、災害の再発生を抑制し、土地の資産価値を回復するための対策工事を、道路などの公共施設と隣接宅地と一体的に行うものです（図8-1）。これにより経費の節減、契約の簡素化、工事の品質確保等を図り、かつ宅地の対策工事の個人負担の軽減効果を狙っています。

液状化対策事業を円滑に実施するために「市街地液状化対策推進ガイダンス」[2]も策定されました。

［2］ 市街地液状化対策推進ガイダンス：http://www.mlit.go.jp/toshi/toshi_tobou_fr_000005.html

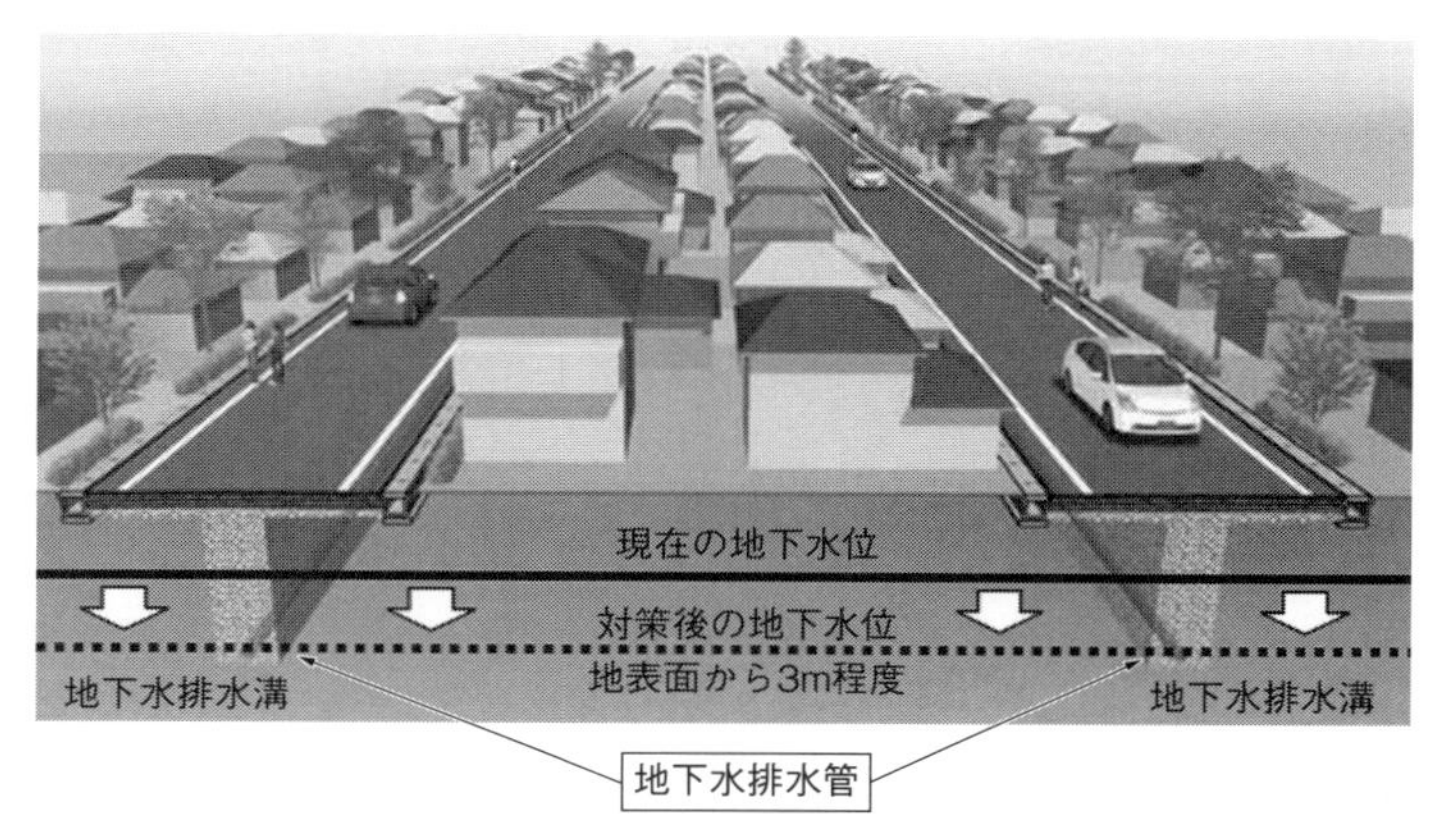

(a) 地下水位低下工法

(b) 格子状地中壁工法

図 8-1　道路と宅地の一体的な液状化対策のイメージ（国土交通省都市局都市安全課，2016）

個人向けのガイダンスではありませんが、液状化に関する基礎知識や、市街地液状化対策事業の基本的な考え方、対策工法などがわかりやすく書かれていますので、一般の方々にも参考になるでしょう。

東日本大震災では、茨城県、千葉県、埼玉県の一二市がこの事業の補助を受け、地盤調査や液状化対策工法などの検討を行ってきました。最終年度は当初の二〇一五年度から五年間延長され、二〇二〇年度になっています。潮来市、神栖市、久喜市、浦安市、千葉市、鹿島市の一部の地区は、対策工事実施済みあるいは実施中です。そのほかの市では、対策実施に必要な対象地区の住民の三分の二以上の同意が得られない、地盤条件・経済性などからみて技術的に実施困難である、などの理由で対策工事を断念しました。

また、四〇〇〇戸以上が対策事業の候補地区となった浦安市でも、地盤調査や対策工法の検討、住民との調整などで着工にこぎ着けたのは、地震発生から五年九カ月後でした。しかし、工事実施に必要な住民の合意が得られたのは一割余りの四七一戸で、残りの地区は工事にはいたりませんでした。自己負担額が高額で、震災から長期間経過して、すでに個人で地盤改良を行った世帯も多く、浦安市が目指す「原則として、地区の一〇〇%の合意」にはいたらなかったとのことです。

以上の一二市以外にも、最終的に一〇〇〇棟以上の液状化による家屋被害が確認された鉾田市や船橋市などのように、深刻な被害地域はありましたが、液状化被害が市内に分散して発生しているため、国の支援制度の対象とはならず、この制度の適用を断念した自治体も少なくありませんでした。

二〇一六年熊本地震で甚大な液状化被害が発生した熊本市南区でも、「宅地耐震化推進事業」を拡充した国の補助事業である「宅地液状化防止事業」（平成二五年四月創設）による復興が検討されています。

以上のように、対策事業の実施にこぎ着けるまでには、住民の合意だけでなく、その地区の地盤条件などに合った経済的な工法があるかどうかなど、技術的な課題も多く、実施は容易ではありません。しかし、東日本大震災を契機に生まれた「まちぐるみ液状化対策」の考え方は、復旧対策の選択肢の一つとしてだけではなく、今後、既存の宅地や新規に造成される宅地に対しても適用が広がることが期待されます。

8.6　今後に向けて

東日本大震災から六年半、熊本地震から一年半以上を経過した二〇一七年一二月現在でも、抜本的な液状化対策につながる法改正は行われていませんが、前述のように市街地液状化対策事業、宅地液状化防止事業や品確法の改正など、被害軽減に関わる取り組みが次々に打ち出されています。一九六四年の新潟地震以来、対策から実質的に取り残されてきた戸建て住宅にとっては大きな前進と言えます。

二〇一一年東日本大震災以降、国や自治体、学会による液状化関係情報のポータルサイトの開設、液状化対策の技術支援ツールの提供、液状化ハザードマップの作成・更新などが行われており、一般市民や不動産関係者が液状化被害について理解を深めるための情報提供も活発化しています。

また、従来に比べて低コストの地盤調査法や液状化対策工法も開発されてきています。しかし、地盤改良、地盤の強化、杭基礎には、かなりの費用がかかります。震度六強、震度七といった非常に強い揺れによる液状化から、戸建て住宅のような小規模建築物を守る安価で万全な液状化対策はないのが現状です。

二〇一六年熊本地震での液状化被害と復旧に関する報告（ＷＡＳＣ基礎地盤研究所ほか、二〇一七）では、家屋の一〇㎝の沈下も三〇㎝の沈下も修復費用には大差なく、傾いた家の復旧には、耐圧版工法の場合、地盤改良工事をしなくても、少なくとも四〇〇万円程度の費用を要したとのことです。また、鋼管杭で支持されたため沈下しなかった家（したがって無被害とみなされ、被災者生活再建支援金などの公的支援金が交付されない）でも、杭が抜け上がり、基礎下と地盤面との間に生じた隙間の充塡費用にかなりの費用を要した、などの厳しい報告もあります。

そこでお勧めしたいのは、家が傾いた場合を想定して、①沈下修正がしやすい頑強なべた基礎などにする（液状化の程度が激しくない場合は被害を免れることができます）、②建物周囲に工事のためのスペース（隣地境界と一ｍ以上離れているのが望ましい）を確保する、③地震保険に加入するか、または災害復旧費のための預金をする、ことです。決して液状化対策を否定するものではありませんが、抜本的な対策には資金不足で無防備となっても、「想定外」の不便な生活を余儀なくされることを回避するための次善の策です。

さらに、最低限必要な対策としては、ライフラインが止まった場合に備えて、飲料水の備蓄、生活用水のために風呂の水を常時溜めておく、災害用簡易トイレや水や加熱が不要な食料の備蓄などです。戸建て住宅の液状化被害防止に関わる制度などは整備されつつありますが、制度や法律のみに依存した住まいの安全の確保はそもそも困難です。市民が液状化に限らず宅地の安全性に対して高い関心を払うことが、今後、行政や宅地建物取引業者を動かしていく原動力になると筆者は考えます。

あとがき

地盤の液状化による被害は、大きな地震が発生するたびに起きています。大規模な建物や土木施設は、耐震設計の一環として液状化に対する検討が行われ、施設を支える基礎地盤が液状化する危険性がある場合は、地盤改良をしたり、液状化しない地層に達する杭を打ったり、いろいろな対策を講じることが義務づけられています。しかし、小規模な建築物や戸建て住宅では、地震時に液状化被害が生じないように法律で守られているわけではなく、液状化の脅威にさらされていると言っても過言ではありません。液状化の可能性をチェックするための地盤調査や対策工法は、住宅全体の建設費と比べると高額で、法的に義務化するには現実的には無理があります。液状化の可能性の判断は、本書第8章でも述べたように設計者に委ねられているのが現状です。

わが国の国土の七分の一は、水害、液状化などの地盤災害の危険性がある低地です。ここに人口の約五〇%と資産の約七五%が集中しています。私たちは、ともすると土地の日常生活の利便性を優先して居住地を選んでいます。しかし、近年の異常気象による度重なる豪雨、大地震などによる災害は、私たちが土地の安全性にもっと気を配らなくてはいけないことを教えています。

本書は液状化について解説した本ですが、土地や地形の見方の解説にも多くの紙面をさいています。一般の方々が土地を購入する場合、地盤調査をせずに土地選びの段階で地盤のリスクを判断せねばなりません。すでに住んでいる土地の安全性を診断するためにも、地盤のリスクを見破る目が必要になります。本書がその一助になることを念じています。

最後になりましたが、本書を草するにあたり多くの方々にお世話になりました。とりわけ、液状化被害地の地元の住民の方々、自治体の防災担当の方々には、貴重な体験談を聞かせて頂き、また地震直後の被害写真をご提供頂きました。厚く御礼申し上げます。

東京大学出版会から液状化の教養書執筆のオファーを頂いたのは、二〇一一年の秋、東日本大震災の半年後のことでした。いろいろな震災対応に忙殺されていた筆者を辛抱強く待って下さり、かつ本書の草稿を一般読者の目線でチェックして頂きました東京大学出版会の小松美加氏に心より感謝申し上げます。

二〇一八年一月

若松　加寿江

索引

ア 行

カ 行

タ　行

ナ　行

ハ　行

マ　行

ヤ　行

ラ　行

アルファベット

参考文献

1964年新潟地震液状化災害ビデオ・写真集編集委員会編（2004）：1964年新潟地震液状化災害ビデオ・写真集，地盤工学会.

宇佐美龍夫・石井 寿・今村隆正・武村雅之・松浦律子（2013）：日本被害地震総覧 599-2012，東京大学出版会.

浦安市（2012）：浦安市液状化対策実現可能性委員会第1回委員会資料，http://www.city.urayasu.lg.jp/shisei/johokoukai/shingikai/toshiseibi/1002853/1005444.html

エイト日本技術開発（2011）：2011年3月11日東北地方太平洋沖地震—千葉県浦安市・千葉市の被害調査速報第1報，http://www.ejec.ej-hds.co.jp/sinsai/sinsai-01.pdf

N値の話編集委員会（2004）：改訂N値の話，理工図書.

川崎市：大規模盛土造成地マップ，http://www.city.kawasaki.jp/500/page/0000018384.htm

河村壮一・西沢敏男・和田暐暎（1985）：20年後の発掘で分かった液状化による杭の被害，NIKKEI ARCHITECTURE，7月29日号，pp. 130-134.

川村博忠編（2000）：慶長国絵図集成，柏書房.

気象庁：震源データ，http://www.data.jma.go.jp/svd/eqev/data/bulletin/hypo.html

気象庁（2012）：平成24年12月地震火山月報（防災編）付録5「平成23年（2011年）東北地方太平洋沖地震」による各地の震度，http://www.data.jma.go.jp/svd/eqev/data/gaikyo/monthly/201212/201212nen_furoku_5.pdf

楠原佑介・桜井澄夫・柴田利雄・溝手理太郎編（1981）：古代地名語源辞典，東京堂出版.

建設省建築研究所（1965）：新潟地震による建築物の被害—とくに新潟市における鉄筋コンクリート造建物の被害について，建築研究報告，No. 42.

国土交通省（2013）：液状化に関する情報提供，社会資本整備審議会第32回建築分科会配付資料6，http://www.mlit.go.jp/policy/shingikai/house05_sg_000144.html

国土交通省（2014）：地理空間情報の整備，提供，活用，https://www.mlit.go.jp/common/001033766.pdf

国土交通省都市局都市安全課（2013）：宅地の液状化被害可能性判定に係

る技術指針，http://www.mlit.go.jp/report/press/toshi06_hh_000009.html
国土交通省都市局都市安全課（2016）：市街地液状化対策推進ガイダンス，http://www.mlit.go.jp/toshi/toshi_tobou_fr_000005.html
国土庁防災局（1992）：液状化マップ作成マニュアル（小規模建築物等に影響を及ぼす地盤表層の液状化判定）.
酒田市総務課（1966）：新潟地震酒田市災害の記録.
寒川 旭（1992）：地震考古学，中公新書.
寒川 旭（2010）：秀吉を襲った大地震，平凡社.
地盤工学会（2005）：地盤調査基本と手引き.
仙台市（2012）：第34回仙台市宅地保全審議会資料および第11回技術専門委員会資料.
損害保険料率算出機構（2000）：ニュージーランドの地震保険制度，Risk, No. 57, pp. 19–27.
竹内 寛（2014）：新潟地震当日を振り返って，日本地震工学会誌，第23号，pp. 24–25.
千葉市建設局（2013）：東日本大震災千葉市災害記録誌.
東京都都市整備局：建物における液状化対策ポータルサイト，http://tokyo-toshiseibi-ekijoka.jp/study01.html および同 /study02.html
東京都土木技術支援・人材育成センター（2013）：東京都の液状化予測図平成24年度改訂版，http://www.kensetsu.metro.tokyo.jp/jigyo/tech/start/03-jyouhou/ekijyouka/index.html
豊島光夫（1984）：絵で見る基礎専科，建設資材研究会.
内閣府（防災担当）（2011）：地盤に係わる住家被害認定の調査・判定方法について，http://www.bousai.go.jp/kaigirep/kentokai/hisaishashien/pdf/dai2kai/sankou13-2.pdf
新潟郷土史研究会編（1964）：新潟地震を語る座談会要旨，郷土新潟，第5号，pp. 2–9.
新潟市（1966）：新潟地震誌.
新潟日報社（1964）：新潟地震の記録.
日本建築学会（2001）：建築基礎構造設計指針.
日本建築学会（2008）：小規模建築物基礎設計指針.
日本建築学会（2014）：建築技術者のためのガイドブック，小規模建築物を対象とした地盤・基礎（第2版），日本建築学会.
日本建築学会住まい・まちづくり支援建築会議復旧・復興支援WG（2011年8月，2015年3月更新）：液状化被害の基礎知識，http://news-sv.aij.or.jp/shien/s2/ekijouka/
日本損害保険協会（2011）：地震保険における地盤の液状化による建物損害の調査方法について，No. 11-019，http://www.sonpo.or.jp/news/

release/2011/1106_04.html
日本損害保険協会（2014）：地震保険50年の歩み，http://www.jishin-hoken.jp/50th/
能代市（1984）：昭和58年（1983年）5月26日日本海中部地震能代市の災害記録.
浜田政則・安田 進・磯山龍二・恵本克利（1986）：液状化による地盤の永久変位の測定と考察，土木学会論文集，第376号／III-6，pp. 211-220.
濱田政則・若松加寿江（1998）：液状化による地盤の水平変位の研究，土木学会論文集，第596号／III-43，189-208.
阪神・淡路大震災調査報告編集委員会（1997）：阪神・淡路大震災調査報告，土木構造物の被害，土木学会.
日立金属株式会社：たたらの話，http://www.hitachi-metals.co.jp/tatara/index.htm（2017年5月参照）
山田 卓・細野康代・清田 隆（2012）：Canterbury地震（New Zealand）による再液状化について，地盤工学会誌，60-1，p. 40.
吉見吉昭・桑原文夫（1986）：小規模建物のためのべた基礎—主として液状化対策として，土と基礎，34-6，pp. 25-28.
若松加寿江・久保純子・松岡昌志・長谷川浩一・杉浦正美（2005）：日本の地形・地盤デジタルマップ（CD-ROM付），東京大学出版会.
若松加寿江（2011）：日本の液状化履歴マップ745-2008（DVD-ROM付），東京大学出版会.
若松加寿江（2012）：2011年東北地方太平洋沖地震による地盤の再液状化，日本地震工学会論文集，第12巻，第5号，pp. 69-88.
若松加寿江・古関潤一（2015）：関東地方のミニ開発造成地における宅地の液状化被害の実態と課題，第50回地盤工学研究発表会発表論文集，pp. 1723-1724.
若松加寿江・先名重樹・小澤京子（2017a）：2011年東北地方太平洋沖地震による液状化発生の特性，日本地震工学会論文集，第17巻，第1号，pp. 43-62.
若松加寿江・先名重樹・小澤京子（2017b）：平成28年（2016年）熊本地震による液状化発生の特性，日本地震工学会論文集，第17巻，第4号，pp. 81-100.
WASC基礎地盤研究所・すまい塾古川設計室（2017）：2016年熊本地震活動の記録.

Committee on the Alaska Earthquake of the Division of Earth Sciences, National Research Council (1973): The Great Alaska Earthquake of 1964, National Academy of Sciences, Washington, D.C.
Cubrinovski, M. and Robinson, K. (2016): Lateral Spreading: Evidence

and Interpretation from the 2010–2011 Christchurch Earthquakes, Soil Dynamics and Earthquake Engineering, Vol. 91, pp. 187–201.

Hamada, M., Yasuda, S., Isoyama, R. and Emoto, K.（1986）: Study on liquefaction induced permanent ground displacements, Association for Development of Earthquake Prediction.

Hamada, M., Isoyama, R. and Wakamatsu, K.（1995）: The 1995 Hyogo-ken-nanbu（Kobe）Earthquake, Liquefaction Ground Displacement and Soil Condition in Hanshin Area, Association for Development of Earthquake Prediction and the School of Science and Engineering, Waseda University, and Japan Engineering Consultants.

Hamada, M. and Wakamatsu, K.（1998）: Liquefaction-induced Ground Displacement Triggered by Quaywall Movement, Special Issue of Soils and Foundations, Japanese Geotechnical Society, pp. 85–95.

Kawasumi, H. Editor-in-Chief, Editorial Committee（1968）: General Report on the Niigata Earthquake of 1964, Tokyo Electrical Engineering College Press.

Milne, J. and Burton, W. K.; plates by Ogawa, K.（1892）: The Great Earthquake of Japan, 1891, Lane, Crawford & Co.

National Information Service for Earthquake Engineering: EQIIS Image Database Niigata, Japan 1964, http://nisee.berkeley.edu:8080/images/servlet/EqiisBrowse?group=Niigata1964-01（2002 年参照）

Yamada, S., Kiyota, T. and Hosono, Y.（2011）: 3rd Big Earthquake in Christchurch, New Zealand, ISSMGE Bulletin, Vol. 5, Issue 3, pp. 25–29.

著者略歴

若松加寿江（わかまつ・かずえ）

1970 年　日本女子大学家政学部住居学科卒業

1972 年　早稲田大学大学院理工学研究科修士課程修了

早稲田大学理工学研究所特別研究員，東京大学生産技術研究所研究員，（独）防災科学技術研究所招聘研究員，埼玉大学地圏科学研究センター客員教授，などを経て

現　在　関東学院大学理工学部土木学系教授（2008 年～），（国研）防災科学技術研究所客員研究員，博士（工学）

主要著書　『日本の地形・地盤デジタルマップ』（共著，2005 年，東京大学出版会）

『日本の液状化履歴マップ 745-2008』（2011 年，東京大学出版会）

そこで液状化が起きる理由（わけ）——被害の実態と土地条件から探る

2018 年 3 月 9 日　初　版

［検印廃止］

著　者　若松加寿江（わかまつかずえ）

発行所　一般財団法人　東京大学出版会

代表者　吉見俊哉

153-0041 東京都目黒区駒場 4-5-29

電話 03-6407-1069　FAX 03-6407-1991

振替 00160-6-59964

印刷所　株式会社三秀舎

製本所　誠製本株式会社

ISBN 978-4-13-063713-8 Printed in Japan